国家出版基金项目
NATIONAL PUBLICATION FOUNDATION

"十三五"国家重点图书

中国少数民族
服饰文化与传统技艺

土家族

冯泽民 叶洪光 ◎ 编著

国 家 一 级 出 版 社
全国百佳图书出版单位
中国纺织出版社有限公司
·北京·

内 容 提 要

本书为"十三五"国家重点图书"中国少数民族服饰文化与传统技艺"系列丛书中的一册。土家族传统服饰具有浓郁的地域特征、多元的文化心理品格、独特的审美情趣和迷人的宗教色彩，成为我国少数民族服饰文化体系中一枝芬芳艳丽的奇葩。其厚重的历史底蕴和灿烂的文化成就，是土家人千百年来生产生活经验的总结和提升，表现了土家人深邃的智慧和无穷的创造力。但随着时代的变迁，土家族服饰逐渐被边缘化，生存处境堪忧。目前，这一现象被社会各界广泛关注。

本书在传统土家族服饰挖掘和整理的基础上对土家族服饰文化进行研究，为土家族服饰文化的传承与发展提供理论参考，并为其现代价值转换提供可靠性资料。本书图文并茂，适合民族文化工作者、各级服装文化相关专业师生、民族文化爱好者等参阅。

图书在版编目（CIP）数据

中国少数民族服饰文化与传统技艺. 土家族 / 冯泽民，叶洪光编著. --北京：中国纺织出版社有限公司，2021.1

"十三五"国家重点图书

ISBN 978-7-5180-7484-6

Ⅰ．①中⋯　Ⅱ．①冯⋯　②叶⋯　Ⅲ．①土家族—民族服饰—文化研究—中国　Ⅳ．①TS941.742.8

中国版本图书馆CIP数据核字（2020）第094390号

策划编辑：郭慧娟　李炳华　　责任编辑：谢冰雁
责任校对：楼旭红　　　　　　　责任印制：储志伟

中国纺织出版社有限公司出版发行
地址：北京市朝阳区百子湾东里A407号楼　邮政编码：100124
销售电话：010－67004422　传真：010－87155801
http://www.c-textilep.com
中国纺织出版社天猫旗舰店
官方微博http://weibo.com/2119887771
北京华联印刷有限公司印刷　各地新华书店经销
2021年1月第1版第1次印刷
开本：889mm×1194mm　1/16　印张：15.75
字数：211千字　定价：268.00元　印数：1-2000册

前　言

20世纪70年代，我还在读书的时候，当时音乐系同学表演了《川江号子》，激情雄壮的旋律让人难以忘怀，尤其是船工头上包的头帕，给人留下了深刻的印象。又过了十几年，当《龙船调》风靡神州大地并被联合国教科文组织评为世界25首优秀民歌之一的时候，更引起我对这个民族的关注。直到21世纪初，我们在对土家族织锦进行田野考察和调研的过程中，才让我对这个人口超过百万而又不在边疆的少数民族有了更加深入的了解。

在我国55个少数民族中，土家族是最后几个被识别和认定的族群之一。这是由于土家族先民居住在中原华夏文化最发达地区的接壤地带，他们与中原汉族文化接触较早，因而受汉族文化的影响较大，所以，土家族是一个与汉族最为接近且进步较快的少数民族。千百年来，勤劳质朴的土家人民在创造自己历史的同时也创造了本民族的服饰文化，形成了精彩纷呈的斑衣罗裙、尚黑喜红的着装配色、工精艺美的纺布织锦、传情达意的边花锦纹、别有风韵的巾帕银环等土家族服饰特色，这些优秀的服饰文化深深吸引着我，并促使我开始对土家族服饰文化进行系统研究。

土家族服饰作为土家民族千百年来共同孕育的奇葩，是土家族身份认同的文化表征，具有族群认同和身份归属之意义，它最直观、最形象地反映了人们日常生活及观念的文化形式，是民族自信的表达，也是民族形象识别的文化符号。但从20世纪初到21世纪初的百年间，中国社会发生了重大变化，土家族社会也面临着由封闭的传统农业社会快速地向开放的工业社会转型，致使农耕渔猎文明中成长的土家族服饰逐渐失去了存在和延续的文化环境。土家族传统服饰在现代生活中渐行渐远，在日常生活中，我们已很少能够看到土家族的传统服装。

基于以上现状，本书从文化遗产学和文化人类学的视域，运用非物质文化遗产保护体系的研究方法对土家族服饰文化加以考察。

"非物质文化遗产"虽然称为"非物质"，但与"物"密不可分。就民族服饰本身而言，布料、款式、纹样、色彩、饰品等属于"物质文化"，是物化的、有形的；但与它密切相连的纺织、裁剪、制作、刺绣、印染等传统手工技艺却属于"非物质文化"，是行为的、无形的，而展示民族服饰的节庆、宗教等活动则又是民俗的。更为重要的是，民族服饰中所表达的款式的地方性特征、历史记忆、图案与色彩中所蕴含的深刻寓意，都是无形的文化，也是民族服饰的灵魂，是民族服饰的生命，它们与物质的服装一起，构成了民族服饰文化的内涵，是非物质文化遗产保护与传承的主体。随着现代社会的高速发展，处于边远地区的少数民族服饰文化同样在或慢或快地变化，如果不迅速保护土家族服饰文化，就会失去不少珍贵的活态文化。从这个意义出发，全书内容共分为九章，分别从土家族服饰基本概况、历史演变、服装形态、色彩表现、材质工艺、图案纹样、装饰妆扮、服饰民俗、传承发展等方面进行系统的梳理探讨，力求还原传统土家族服饰的真实面貌。

从服饰发展史来看，每个民族的服饰也是在不断发展变化着的。我们不能只满足于传统而与时代保持"距离"，只有不断丰富和完善服饰文化的内涵，改革和创新民族服饰的视觉美感，才能促进民族服饰文化的保护、继承、创新和发展。只有民族服饰活跃于民众生活之中，才能与社会一起不断发展并传承。处于濒危状态的土家族服饰更应该如此。

土家族服饰文化对于传承与保护土家族历史、文化、风俗及民族民间艺术有着十分重要的意义，而这一切都应建立在对土家族传统服饰文化深入研究的基础上。本书通过对土家族服饰文化的研究，为土家族服饰文化的传承与发展提供理论参考，并为其现代价值转换提供可行性资料。

本书在撰写过程中，得到了中国纺织出版社有限公司的大力支持，并被纳入"中国少数民族服饰文化与传统技艺"系列丛书之中。由于笔者学识的局限，书中疏漏、不足之处在所难免，敬祈专家、学者及广大读者给予指正。

冯泽民

2019年10月

目 录

第一章
绪论

　　服饰是人类生存和长期历史发展过程中的创造物，由于具有实用性、社会性和审美性，逐渐成为物质文明和精神文明的载体。我国各民族服饰文化历史悠久，灿烂辉煌，它们是在特定的地理环境中，基于对不同生产、生活方式的理解与适应，以及在对精神世界的追求中逐步形成的。因而这些传统民族服饰已成为各民族文化的组成部分，是识别不同民族的重要外部标志。土家族传统服饰具有浓郁的地域特征、各异的文化心理品格、独特的审美情趣和迷人的宗教色彩，成为我国少数民族服饰文化体系中一枝芬芳艳丽的奇葩。

第一节　土家族基本概况

　　土家族是我国民族大家庭中历史悠久、文化比较发达的少数民族之一，也是我国人口百万以上少数民族中唯一一个不靠边疆的民族。在漫长的历史发展过程中，土家族人民以自己的勤劳和智慧，开发了湘鄂渝黔接壤的广大地区，创造了绚丽多彩的土家族历史文化，成就了土家族这方山水的钟灵毓秀（图1-1）。

图1-1　土家族聚居地的自然风光

土家族，自称“毕兹卡”（图1-2），表明自己是土生土长的“本地人”，分布于现今的湘、鄂、渝、黔等省市边界接壤的广大地区，包括湖南省湘西土家族苗族自治州的吉首、永顺、龙山、保靖、古丈、泸溪、凤凰、花垣，张家界市的桑植、永定、慈利、武陵源和常德市的石门县；湖北省恩施土家族苗族自治州的恩施、利川、来凤、咸丰、宣恩、鹤峰、建始、巴东，宜昌市的长阳、五峰两个土家族自治县；重庆市的石柱、彭水、酉阳、秀山四个自治县和黔江区；贵州省铜仁地区的沿河、印江两个自治县，以及江口、德江、思南等共三十余个县（市、区）。据2010年全国第六次人口普查统计，土家族共有835.39万人，是我国仅次于壮族、回族、满族、维吾尔族等的第七大少数民族。

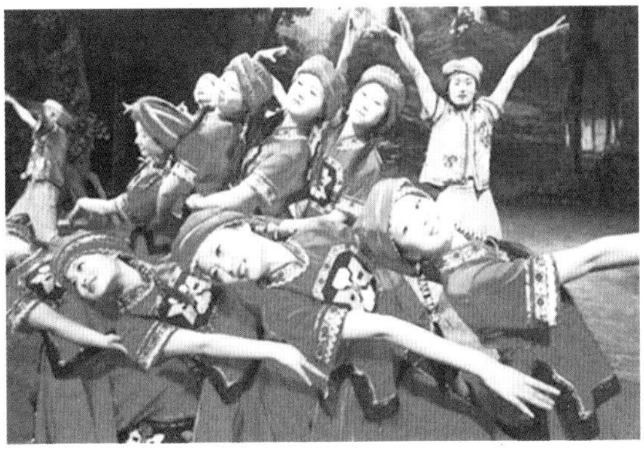

图1-2 五峰土家族自治县民族歌舞团表演的《列牙毕兹卡》[1]（源自《楚天金报》）

土家族所处的地域位于我国整个地势的第二阶梯，境内大山长谷，林深菁密，人迹罕至，大地贫瘠，地形奇特复杂，地貌千姿百态，重山叠岭，岗峦峥嵘。其气候也由于地势高低悬殊呈现出垂直气候的分带性和局域气候的特殊性。整个土家族地区，以武陵山和酉水、清江为中心，西抵乌江，东接松宜，北起巫山，南接澧沅，位于我国中部偏西南地区。相传在这样的地域，土家族先民长期过着“鸿蒙未辟，狉狉榛榛”的原始渔猎生活，披荆斩棘，筚路蓝缕，开拓了本民族光辉灿烂的历史进程。虽长期受到封建统治者的歧视、压迫，但其先辈总是茹苦含辛，登高履险，烧畬耕山，从事生产，努力把湘鄂渝黔边区的荒地逐步开辟成良田沃土，使山区生产水平与附近汉民族居住区逐渐接近。

土家族的居住地酉水流域是一块古老而神秘的土地，从酉阳笔山坝、龙山里耶溪口、保靖拔茅东洛、花垣茶峒药王洞等十余处新旧石器时期的文化遗址来看，早在远古时期，这一带就有人类栖息。土家族的“土著”先民最先来到这里，并

[1] “列牙毕兹卡”意为：我的土家族。

在此休养生息，至今这一带仍然是土家族文化的中心区域。土家族先民在这一地区开垦种植，生息繁衍。土家族的历史以古代巴人的两支——廪君蛮和板楯蛮为主源，融合当地土著和进入该地区的汉人、濮人、楚人、乌蛮等族群共同构成。

早在周王朝时期，土家族地区就开始了行政建制，巴被封为子国。秦灭巴，统一六国后，在巴人住地设巴郡、南郡和黔中郡。从唐至宋，中央政府对土家族地区实行任用当地首领进行管理的统治政策，史称羁縻政策。在唐王朝"树其酋长，以镇抚之"的怀柔政策下，"杂侧荆、楚、巴、黔、巫中"诸蛮纷纷归附。大约自唐末五代以后，土家族这一稳定的人们共同体开始逐渐形成为单一民族。从元代起，封建王朝开始在土家族地区建立土司制度，由本民族上层人物担任官职，管理司内诸事务。元明时期，随着土司制度的稳固，土家族聚居的湘鄂川黔边区的地域也就相应结成了一体，民族认同逐步增强，地方统治逐渐巩固起来。自清雍正五年（1727年）开始，清政府在土家族地区实行"改土归流"，即废除土司统治，委派流官治理，到乾隆末年，基本完成。改土归流后，中央政府对土家族地区实行与中原地区相同的政治体制，湘鄂川黔边土家族地区与中原汉族文化交流日益密切，逐步走向封建地主经济。到清末以后，土家族地区逐渐沦为半封建半殖民地社会。

新民主主义革命时期，土家族人民在中国共产党的领导下，积极投入反帝反封建、反官僚资本主义的斗争，在度过艰难的岁月后土家族人民迎来了新的曙光。新中国成立以后，在民族区域自治政策的指引下，经过许多有识之士的反复奔走呼吁，1957年正式确定土家族为单一民族。根据土家族人民群众的愿望，经党中央和国务院批准，湘西土家族苗族自治州于1957年9月20日成立，这是土家族第一个自治区，随后成立十余个县级及以上土家族自治区，民族区域政策在土家族地区得到充分的落实。❶

土家族先民长期生活在湘鄂渝黔边的大山区，在社会实践活动中，创造了丰富的物质财富，铸就了灿烂的精神文明，谱写了自己的民族历史，成就了独有的土家族文化，推动着湘鄂渝黔接壤地区社会的不断发展，为我国少数民族事业做

❶《土家族简史》编写组，修订本编写组．土家族简史[M]．修订本．北京：民族出版社，2009：2-6．

出了重大贡献。

第二节　土家族人文风貌

　　文化是一个民族的灵魂，音乐是灵魂之声。《龙船调》作为土家族人民传唱的特色民谣，其字里行间透露出浓浓的民族文化气息，展现出多彩的土家族文化魅力。20世纪80年代，《龙船调》被联合国教科文组织评为世界25首优秀民歌之一。

著名歌唱家宋祖英将其唱到了悉尼歌剧院、维也纳金色大厅、美国肯尼迪艺术中心，在全球掀起了传唱的热潮，土家族文化魅力也通过音乐走向世界。

　　在漫长的历史发展过程中，土家族虽没有自己的文字，但有自己的语言，并以自己的勤劳、勇敢和智慧，创造了丰富绚丽的文化，表现出鲜明的民族特色。土家族具有丰富的文化，其中包括民俗节日、宗教信仰及民间艺术（图1-3），他们对土家族服饰文化的形成与发展有着重要的影响。

图1-3　牛王（2017年5月摄于恩施土司城）

　　丰富多样的节日民俗（图1-4、图1-5），构成土家人生活中一个重要的组成部分。从节日的类型看有祭祀节日、纪念节日、庆贺节日、社交娱乐节日及生产生活性节日等。祭祀节日，起源于土家族先祖对图腾和神灵的崇拜，主要是以土

图1-4　石柱土家族自治县传统舞蹈——玩牛（源自新华网）

图1-5　土家族婚嫁习俗——拦门

家人的信仰为标志的祈求消灾除害、驱凶辟邪的节日，如土地会、娘娘会、吃社饭等。纪念节日，主要是纪念土家族历史上的重大事件或表彰英雄的日子，并会在这一天祈求人们生活幸福、人丁兴旺等。社交娱乐节日，是以聚会的形式，召集群体游戏歌舞的活动，如女儿会等。生产生活性节日，主要是在人们的生产生活中所传承的群众性活动，主要目的是祈求和庆贺丰收，如牛王节、摸秋等。

土家族过年较为独特，俗称过"赶年"（图1-6），即赶在汉族过年的前一天进行，是土家族人最为隆重的节日，年事活动持续时间较长，内容丰富多彩。土地会源于二月初二的土地神生日，在这一天土家人都要去庙里烧香烧纸，准备好贡品敬奉土地神以获得保佑。娘娘会源于三月初三娘娘神生日，这一天土家人在娘娘庙内拜祭的三位娘娘神分别是"催生娘娘""送子娘娘"和"痘母娘娘"。这样做的意图也是希冀保佑家族人丁兴旺、家宅平安、身体健康。四月八是土家族仅次于过年的一个大节，这一天要很隆重地杀猪宰羊、打粑粑、祭祖，请上亲朋好友相聚。其实大多数土家族人过大四月八，也就是四月十八，其来历各地说法不一样，主要有牛王节之说、祖先定居湘西之说和祭婆婆神嫁毛虫之说。土家族民间有"家家有个七月半"的说法。七月半这一天，是祭祖的日子，有些地方称其为"古月半"。一年一度的女儿会在农历七月十二日，过去是男女青年约会的日子，因为土家族女子平时不能随意出门，只有在这一天可以悉心打扮，穿戴整洁地出去赴会。其中土家族婚俗中的哭嫁很为独特，是土家族姑娘迎接婚姻的一种特殊方式。新娘哭嫁时，口中念念有词，叫作"送嫁饭"。这时同村的亲朋好友都会来陪哭，陪哭的人哭得越伤心、越动听、越感人就寓意越好。而土家族的丧事却与"哭嫁"相反，办得很是热闹，土家人称其为"白喜事"。

土家族没有统一的宗教，他们的宗教信仰是对其原始崇拜的沿袭，文化渊源十分多元化，宗教信仰也同样多样化。土家族有祖先崇拜、自然崇拜、英雄崇拜、图腾崇拜等多种形式。其祖先崇拜为土王、八部大神、向王（图1-7）、向王军，这些都是土家人早期的祖先神，认为其灵魂可以庇护本民族的繁荣昌盛。建有庙和祠堂，定期祭祀。对自然崇拜，认为万物皆有神，如日、月、星、辰、雷、雨等。另外还信仰梅山神、梯玛神。狩猎时要拜祭阿密麻玛、土地神、岩石神、火神、水神等。图腾崇拜，其内容则是崇拜远古时期的英雄或祖先。如土家族信仰

图1-6 歌梅拉组合的歌曲《土家赶年》　　　　　　　　图1-7 鄂西土家族六月初六向王节

"白虎图腾",自称是"白虎之后",各地都有白虎庙,有的家里神龛上供有白虎神位,以求保佑平安。除了进行宗教式的虔诚敬祭,在生活中也常见虎的图形,其意是用虎的雄健来驱恶镇邪,希望得到平安幸福。另外,受汉族影响,崇拜道教神仙,敬祭灶神、土地神、五谷神、豕官神,在修房造屋时祭鲁班。

土家族的传统民间艺术也十分丰富,主要有歌谣、摆手舞、跳丧舞,以及吊脚楼、绘画、雕刻与工艺美术等。

歌谣是土家族人民生活中的重要组成部分,它反映了土家族社会生活中的各个方面。就其内容而言,又分为山歌、摆手歌、叙事歌、哭丧歌、哭嫁歌和盘歌等。唐代刘禹锡根据巴歌创造的《竹枝词》,世代相沿,其特点一直保存在土家族民歌中。至清代,鹤峰、长乐等地,正月元宵时仍多歌"杨柳"("杨柳"是《竹枝词》的一种词牌名)。土家山寨年年都有赛歌盛会,族民们对歌如流,出口成歌,彻夜不散。

摆手舞(图1-8、图1-9),土家语称为"舍巴",汉语称作"玩摆手",是最具土家族民族特色的民间舞蹈,历史悠久,主要流行于酉水流域的土家族聚居区,

图1-8 舍米湖摆手堂(源自《鄂西土家族简史》)　　　图1-9 摆手舞(源自《鄂西土家族简史》)

是山民庆祝丰收、欢庆胜利的一种舞蹈，歌随舞而生，舞随歌而名。跳舞的日子一般是从农历单日开始，持续的天数也需是单数，一般为三、五、七天。无论什么聚会，土家人都要跳摆手舞，其舞蹈节奏明快、动作朴素又不失优美，具有浓郁的生活气息。

跳丧舞是土家族古老的丧葬仪式歌舞。至今仍然盛行于清江流域的长阳、五峰、鹤峰、巴东等地。跳丧多在葬前一天进行，在死者灵前，先由歌师击鼓叫歌，成对的二歌郎、四歌郎或八歌郎相应接歌，随鼓节起舞，按曲牌进行，边饮宴，边歌舞。多达数百人时，就在灵柩前场坝上应歌接舞以兴哀。

图1-10　土家族吊脚楼

吊脚楼（图1-10）源于古代的干栏式建筑，是鄂、湘、渝、黔土家族地区普遍使用的一种民居建筑形式，已有四千多年的历史，有着丰厚的文化内涵，除具有土家族民居建筑注重龙脉、依势而建和人神共处的神化现象外，还有着十分突出的空间宇宙化观念。这种空间观念在土家族民谣中得到形象的表现："上一步，望宝梁，一轮太极在中央，一元行始呈瑞祥。上二步，喜洋洋，'乾坤'二字在两旁，日月成双永世享……"土家族吊脚楼在其主观上与宇宙变得更接近、更亲密，从而使房屋、人与宇宙浑然一体、密不可分。

在璀璨的土家族文化中也少不了多彩的服饰。它种类繁多、形式各异、外观简洁、色彩绚丽、装束质朴，特别是极负盛名的土家织锦（图1-11），具有独特的民族风格，是土家族人民长期以来御寒和装饰自己不可缺少的物质生活资料。土家族服饰是土家族民族艺术发展的结晶，也是土家族民族意识、宗教信仰、社会文明的标志。

土家族是大山的民族，在与大自然和社会进行搏斗的漫长岁月里，创造了特有的民风习俗、宗教信仰（图1-12），以及别有特色的土家族民间艺术及传统手工技艺等辉煌的文化成就。如今它们中有许多已被列入国家级非物质文化遗产保护名录，如摆手舞、撒叶儿嗬、毛古斯、土家吊脚楼、土家织锦等都是土家族先民

图1-11　日常生活中的土家织锦 　　　　　　　　　　图1-12　土家族道士度职

留下的宝贵文化财富，对于研究土家族地区的历史、政治、经济、文化及风俗等均具有重要意义，成为中华多民族大家庭宝贵的文化遗产，为世人所敬仰。

第三节　土家族服饰文化的特征

　　土家民族在创造历史的同时也创造了本民族的服饰文化，形成了精彩纷呈的斑衣罗裙、尚黑喜红的着装配色、工精艺美的纺布织锦、传情达意的边花锦纹、别有风韵的巾帕银环等土家族服饰特色。这些集蜡染、扎染、刺绣、挑花、织锦等传统手工技艺于一体的土家族服饰文化，极大地丰富了中华多民族服饰文化宝库。

　　土家族服饰文化具有厚重的历史底蕴和辉煌的文化成就，它是土家人长期生活实践的创造，表现了土家人特有的思想情感，具有与自然生态环境相适应的山地性、同社会历史发展的差异性、文化内涵的丰富性，以及装饰审美的质朴性等特征。

一、自然生态环境相适应的山地性

　　文化形态是人类适应地理环境的结果。服饰作为文化形态的外在表现形式，其最基本的功能是实用。无论是在物质生活资料极为匮乏的古代，还是在物质财富日益丰富的今天，都概莫能外。不同民族出于自身所处的地域空间、气候条件、水文状况等地理环境的差异，对服饰实用功能的选择和要求自然也就有所不同。因此，自然生态环境不仅决定着每个民族服饰的实用性，而且还潜移默化地影响着每个民族的形态特征。

土家族长期生活在溪河密布、林海莽莽、交通不便的偏僻山区，过着封闭落后的艰难生活。正是在这种环境下，土家族创造了与自然生态相协调的本民族服饰，体现出经久耐用、简洁质朴、适应山地气候的特征，其具体形式为男女皆包头帕，服装样式喜宽松，衣短裤短，袖宽裤肥，便于活动。这样的一种着装直到20世纪中期还保留在土家人生活中，成为土家族传统服饰的基本形态。土家族着装的宽松便捷，表明自然环境和地理条件为服饰形态的最初形成奠定了客观的物质基础。这一过程主要是通过不同自然环境内的经济文化类型来发生作用的。所谓经济文化类型是指居住在相似的生态环境下，并操持相同生活方式的各民族在历史上形成的具有共同经济和文化类型的综合体。❶

土家族聚居地水系发达，大小河流数千条，汇流于长江，具有丰厚的水资源，又处于以山地、河谷为主，辅以少量盆地、平坝的地貌环境中，形成了特有的山地性渔猎农耕经济文化类型，而不同于草原以及单一的农耕、渔猎经济文化类型的地区。这种特殊的山地性渔猎农耕经济文化类型，为土家族服饰的材料选用、造型及功能、配饰及纹样、款式及类型等，奠定了客观的物质基础。

武陵山脉的自然气候、地理环境为生产出优质植物纤维提供了重要的先决条件，如其中的棉麻种植面积广，成就了土家族服饰丰富的原材料资源。随着历史的发展，土家人掌握了割麻纺纱织布技术，自纺自染，出现了早期的民族服饰。土家人自织的賨布一度作为向封建王朝纳赋的贡品。土家族自织土布制成的服装，吸汗透气，坚固耐磨，特别适用于农耕经济下的粗重农活。土家人用当地各种天然植物，加工成为各色染料，制作服装，色泽浓艳，亮丽凝重，是聪慧的土家人对自然资源的巧妙运用，丰富了土家族服饰材料装饰的多样性。

土家族地区属典型的亚热带季风气候，温和湿热，雨量充沛，土家族服饰为适应这种气候特征，其服饰造型宽松，袖口裤口宽大，常在衣襟、袖口及裤边缝

❶ 胡敬萍. 中国少数民族的服饰文化[J]. 广西民族研究，2001（1）: 62-68.

缀边饰增加牢固度（图1-13）。土家族男女老少喜穿"背褂子"（马甲），春秋穿夹背褂，冬天穿棉背褂，不仅有挡风御寒的作用，还可以防止粗糙的背篓磨坏衣服。土家族男人还有系围裙的习惯，有的围裙用三层重叠的蓝布或白布做成，除了起到挡风保暖、保护衣服整洁的作用外，还可在抬重物时用作肩垫，或在地里劳动休

图1-13　款式宽松的土家族服饰

息时用作坐垫。这些都是土家人适应自然气候条件与生产生活的需要在穿着上的体现，它们简朴实用，千年承袭。

　　土家族特有的经济文化类型形成了土家族服饰形态中的一个特殊景观：头裹巾帕和"跣足"（赤脚）的装束。土家族男女一年四季皆缠包头帕，头帕既便于生产劳作，也可用于擦汗、包裹东西，还可以趋寒避暑。据许多文献记载，土家人常"跣足"。渔猎生活使土家人常上山打猎、爬树采果、下水捕鱼，赤脚来去自如。这种装束正是山地性自然环境所决定的，直到今天还是土家民族一种富有特色的装束。但随着社会的进步和生产力的发展，打赤脚变化为穿鞋。土家族的居住地沟壑纵横、多雨水，草鞋既利水又透气，还轻便、柔软、防滑，而且十分廉价。土家人会根据季节、用途的不同需要，编织出不同的样式。

　　长期以来，土家族形成了以旱粮作物为主的农耕文化。高山峻岭上，种荞麦、豆、粟等杂粮。一些农作植物、山野花草也都成为土家族服饰丰富多彩的装饰纹样创作原型，如韭菜花、禾蔸花、八角香、南瓜把、棉花、金勾莲；还有山村野岭中不为人知的花草藤叶，如土家人所称的八瓣花、藤藤花、大刺花、麻叶花等，都成为土家族服饰及土家织锦纹样所表现的题材。

　　自然环境对服饰实用性的作用会因生产力发展水平的高低而有所不同。生产力水平越低，自然环境对服饰实用性的作用就会越大，反之就会被逐渐弱化，土家族服饰的发展历程中也体现出这一规律。从原始社会毛古斯舞中的棕叶当布、草衣蔽身到粗麻片、麻布作衣，从纯白棉布到"吊灰布"染色，从单一的青黑颜

色到色彩斑斓，从棉织布到绸缎料，从形式单一到品种多样等都反映出土家族从适应自然到利用自然、改造自然的发展历程，表明土家族在历史长河中生产力的进步与经济水平的逐步提高。

土家人生活区域所属的山地性农耕经济文化类型与草原及单一渔猎、农耕经济的区别，从服装的取材制作到式样的造型以及各种配饰的穿戴都与其自然生态相协调适应。在这样的历史进程中，我们能够看到作为山地性渔猎农耕经济文化类型的这一自然生态环境始终决定着土家族服饰的实用性，并且深刻地影响着土家族服饰的形态特征。

二、社会历史发展的差异性

服装作为人类的创造物，对于自然人具有御寒保暖的实用功能，而对于社会人服装所具有的社会功能——表征作用以及对社会生活产生的相互关系及其影响，更是其本质的体现。❶作为社会群体的服装还反映出阶层的差异、时代的差异、民族的差异、地区的差异。土家族服饰在其演进的过程中，其社会功能也是体现土家族服饰特征的重要方面。

成长于复杂恶劣地理条件下的土家族服饰，在不同社会形态演进中呈现出与社会发展相适应的服饰功能，有着多种表现形式，反映了不同社会生产力和不同时代的服饰变化。

从原始社会到封建社会再到社会主义社会，土家族经历了不同的社会形态，其服饰也经历了一个上千年的发展过程。在原始社会阶段，经历了由皮草服饰向布衣服饰发展的过程。土家族传统舞蹈毛古斯的稻草服装，表明土家族先民最初曾以树叶、稻草和动物毛皮遮身，反映了当时社会生产力水平十分低下，尚不掌握纺织技术，只能结草为服。后期，土家族受中原文化的影响逐渐掌握了纺织技术，进入布衣时代。土家族先民采用自织的"毮布"制作衣物，呈现出色彩斑斓的民族个性。宋人朱辅在《溪蛮丛笑》中有如此描绘"绩五色线为之，文采斑斓可观。俗用为被或衣裙，或作巾"，良好的材质使土家族原始服饰发生了质的变化。

---

❶ 冯泽民，刘海清. 中西服装发展史[M]. 北京：中国纺织出版社，2008：14.

进入封建领主制阶段，土家族地区的社会生产力逐步得到发展，纺织技术得到提升，致使服饰品类逐渐丰富，穿着形式已趋完善，民族特征日显突出。土司时期，虽然服饰不分男女，皆为一式，但织锦色彩斑斓，衣裙尽绣花边，头裹刺绣花帕，项圈耳环累累，形成了具有本民族特色的服饰装束，成为土家族服饰形成发展的重要阶段。然而，由于清政府对土家族服饰的强制干预，男女服饰一式的外观得到明显改变，男子不再穿八幅罗裙，而且在样式、色彩、佩饰诸方面都发生了较大的变化。受汉满文化的影响，土家族服饰样式增多，佩饰也更为丰富，尤其是女装更为绚丽多彩，图案纹样更显现出民族融合后的新面貌。清末至19世纪上半叶，随着社会的动乱，一般土家人只能穿戴俭朴的装束。

到了社会主义阶段，特别是改革开放以后，社会生产力得到了极大的解放，土家族服饰在布料、款式、色彩、佩饰等方面逐渐与现代流行时装趋同，最终导致成长于渔猎农耕经济时代的土家族传统服饰在现代工业化的冲击下，逐渐远去。数千年的土家族服饰发展，不仅反映了社会生产力的发展水平，也体现出不同时代的发展变化。

土家族有聚居和杂居之分，以武陵山区为主体，北起长江巫山，南到雪峰山下，东始湖南石门，西抵重庆涪陵，是一个长宽均为千里之遥的区域，俗话说得好，"十里不同音，百里不同俗"。土家族是个多部落的民族混合体，各地的土家族人在语言习俗、宗教信仰方面也存在着或多或少的差异，这种地域的差异性带来了土家族服饰的多样性。

土家族聚居区主要包括鄂、湘、黔、渝等省市边界接壤的地区，在长期的共同生活中，总体上形成了尚简朴、喜宽松、多边饰、喜斑斓、包缠头帕的着装形式。但在不同的地区，存在细节和工艺上的差异。同样是包头帕，在湘西有的地方留有两寸垂耳的帕头，男左女右；而在黔东北地区包孝帕时，要遮住头顶，后边拖两尺长的帕头。在边饰的处理上，渝东南地区常在领上、衣襟边和袖口贴有三条小花边；黔东北和湘西地区多在衣襟、袖口镶宽青边后再加三条五色梅花边；湖北恩施地区则在袖口、下摆绣二道花边栏杆。在工艺手法上，土家族服饰运用的是一种集纺织、刺绣、挑花、印染、缝制等民族手工艺于一体的服饰制作工艺。因地理环境及人文生态的差异，不同地区各有偏重，黔东北和渝东南地区更注重绣染工艺；湘西和鄂西地区则较为注重织锦工艺，现今在湖南的龙山、保靖、永顺，以及湖北恩施的来凤仍在流传。从整体着装风格来看，其习俗的差异性更为明显。如在贵州沿河地区流传的口头俗语："沿河姑娘宽脚板，思南姑娘大脚杆，印江姑娘常打伞"，也充分表明即使在同一区域也呈现出不同的服饰穿着习俗。

土家族没有统一的宗教，它的宗教信仰是对其原始崇拜的沿袭，文化渊源多元，宗教信仰也同样多样化，致使服饰也呈现出多样化。同样是白虎图腾崇拜，在鄂西表现为崇虎，如恩施地区儿童帽饰上绣的白虎图，就是民族图腾的象征；湘西则是赶虎，常将白虎图案装饰于儿童盖裙上，用以辟邪。

阶级社会，土家族内部的阶级分化日渐明显，贫富悬殊日益加剧，土家族服饰虽然简陋，但仍表现出地位和身份的差异，成为反映土家族内部贫富差距的一个重要方面。一般而言，在土家族传统服饰中，凡是服装华丽、佩戴金银饰物较多的就代表家庭比较富裕、社会地位较高，反之则表示家庭贫困、社会地位较低。汉族地区的丝、绸等高档面料和金、银器不断进入土家族地区，但使用这些材料的仅限于土司、土官和地主，普通百姓则望尘莫及。从文献资料看，改土归流之后土家族服饰的贫富悬殊更加明显。清嘉庆《龙山县志》卷七载有："土民男女服饰无诡异，视家贫富分华朴，贫者仅足蔽体，富者夏葛冬裘，雅丽自喜。冠履尚时样。妇女高髻阔袖，但平居不系，下裳不饰铅黛，时节庆贺则用之价土妇耳贯多环，累累然几满。"清同治《龙山县志·风俗志》也有这样的记载："妇女喜垂耳环，两耳之轮各饰之十饰，项圈手圈足圈，以示富裕。"从这里可以看出，土家族的阶级分化与服饰的贫富悬殊是成正比的。

长期以来，土家族男女服饰不分，皆显一式，均为上着衣、下着裙，色彩斑斓，尽绣花边。但男女着装风格和细节仍有很大的区别：男裙较短，装饰少；女裙较长，装饰纹样丰富。男子常佩以刀剑，显示出阳刚之美；而女性多佩以耳环项圈，显示出俏丽之美。改土归流之后，男女服饰差异明显（图1-14），并在此之后女装更为华丽。总体来看，在土家族的服饰中女装多比男装丰富多彩。历史上土家族妇女和男人一样共同参加生产劳动，她们的服饰形态始终与男子同形，即使到了男子改穿裤子，女子也同时着裙、穿裤。透过土家族妇女的妆饰，我们看到的是一个个勤劳、善良、豪爽、刚强的女性。

三、文化内涵的丰富性

民族服饰是民族文化的一种特殊载体，它的形成、变化和发展，特别是民族性特征的形成，既取决于自然生态环境、生产方式、生产力发展以及民族历史、社会政治等客观因素，更取决于诸如民风习俗、宗教信仰、民族性格、文化交流等人文环境因素。服装发展的规律告诉我们，后者对民族服饰文化的形成发展更具有内在的作用。土家族是多个部族构成的民族融合体，在其民族服饰的表象中，蕴藏着丰富的文化内涵，并体现在土家族息息相关的生产生活中。

民风习俗作为民间流行的风尚和习俗，是在长期的历史演进和社会生活中逐渐形成并世代相传的。民风习俗最能体现出一个民族的服饰文化特征。土家族的人生礼俗、岁时节日民俗有着丰富的服饰文化内容，给本民族服饰文化打上了深深的烙印。通过这些民间习俗，可以探索到土家族服饰文化的渊源，感受到土家人对美好生活的向往。

土家族的服饰，平时简洁朴素，便于生产劳动。每逢喜庆节日，则讲究整洁、漂亮，内容丰富多彩，别具特色。土家族节庆民俗丰富，有祭祀、纪念、庆贺、社交娱乐及生产生活性节日等，每当这些时候人们都会穿着特定的节日盛装。过赶年是土家族最为重要的节日，土家男女都会穿着具有浓郁民族特色的新衣（图1-15），以一身盛装来迎接新的一年。七月十二的女儿会，是土家族女子专有的节日盛会，她们在这一天穿上自制的漂亮衣裳，以展现自己的心灵手巧，并佩戴上

图1-14　正在跳摆手舞的土家族男女

图1-15　贵州地区土家族过赶年（源自网站《兴义之窗》）

自己最好的金银首饰，打扮得格外美丽俊俏，来吸引心仪的青年才俊。有的地方还会把长的衣服穿在里面，短的则穿在外面，一件比一件短，层层都能被人看见，以显示自己的才艺和富裕。

人生礼俗主要是从孩子出生到婚嫁，再到丧葬的祭奠。土家族妇女生了小孩后，岳母家要给小孩送去背带、围裙、围帕等，并按一定尺寸、花纹图案制作好后，吃月米酒时随同送去，以示庆贺。在土家族婚俗中，最富有特色的服饰是"露水衣"，这是一种新娘装，包括露水衣、露水鞋、露水帕、露水伞。和其他民族一样，这些姹紫嫣红的婚俗衣装闪耀在民族服饰之中。

自古以来，土家族人民始终追求吉祥美满的生活。在服饰艺术中，无论是图案纹样还是装饰的图案，其寓意的中心主题都是"吉祥"，这是一个绵延千万年的永恒性主题。在服饰上通常采用织染绣工艺手法，呈现出"鹿子闹莲""喜鹊闹梅"等喜庆氛围的图案。在小孩帽子上还用五色丝线缀上银质的"长命富贵"和"富贵双全"等饰物，表现了土家人对吉祥幸福生活的向往。

此外，土家族是一个尚巫鬼、重祭祀的少数民族，其宗教信仰、图腾崇拜支配着人们的价值取向和行为方式，同时也深刻影响着他们的文化、精神，乃至饮食、起居、穿衣等。因此，在土家族的服饰中都可以找到图腾崇拜的痕迹。

土家人尚白源于对白虎的图腾崇拜。"廪君死，魂魄世为白虎"，这种图腾意识渗透到服饰中，由来已久。著名学者潘光旦曾考察土家族地区，认为白帕子代表老虎，因虎头上有三条白毛，通常称为"王"字头老虎，包白帕子就是崇拜老虎，也就是崇拜祖宗之意。❶ 在土家族生活中，老虎的形象多显现在儿童服饰中。土家人从小就给孩子戴虎头帽、穿虎头鞋，希望孩子虎头虎脑精神好、无病无灾、健康快乐地成长。

土家族服饰的典型代表——八幅罗裙具有浓厚的宗教色彩，是土家族原始宗教文化的高度浓缩。后来土家人将八幅罗裙作为酬神祭祀所穿的服饰，具有神秘浓郁的宗教色彩，上有"红、蓝、黄、青、绿、黑、白、紫"八种色，分别代表

---

❶ 潘光旦．湘西北的"土家"与古代的巴人[C]//潘光旦，潘乃穆，王庆恩．潘光旦民族研究文集．北京：民族出版社，1995.

了八部大王，实际上就是祖先崇拜之意。还有土家织锦中神秘的"四十八勾"图案，代表着太阳的形象，象征着土家族的民族祖先。土家人民不仅把"四十八勾"纹织锦用于服饰装饰，还常用于祭祀活动中，祈求种族兴旺，祈子求昌，驱秽避邪，攘灾纳吉。直到今天，它仍是土家织锦中最经典的纹样。

土家民族的情感极为丰富，性格豪爽外露，这种外向的情感方式在其服饰中也得到彰显。青打白扮、红绿相间、色彩分明的土家族服饰正是土家民族热情奔放的直观体现。史料上多记载，土家族男女老幼皆喜斑斓色彩的服装，表达了土家人乐观、积极、浓烈的情感，这也正是土家民族豁达、热情、爽朗的性格特点所决定的。如土家族摆手舞中，其统一的服色随着舞姿呈现出一种刚健之美。土家族还崇尚黑色，意指在面对死亡的威胁时不惧怕，表现出一种豁达的生死观。正如土家族常把丧事当白喜事办，举行跳丧舞，女人们常穿戴鲜亮服饰来祭奠亡灵，展现了土家人对生的渴望和对死亡的超脱态度，这也是其他民族无法比拟的。

土家族地区山大人稀，单家独户劳力不足，加上野兽出没、窃食庄稼、伤害人畜。在这种特定的自然条件和劳动环境中，土家族人形成了团结互助、结伴成群、协作生产的结群生活，由此并衍生出祭祀、劳作、节庆娱乐、喜丧等群体活动。如在土家族古老的祭祖仪式摆手舞中，少则十几人多则上百人，规模浩大，观者众多（图1-16）。又如，在土家族传统音乐薅草锣鼓中，土家人结群薅草、挖土、栽秧时锣鼓间歇，歌声即起，轮流对唱，整日不歇。再如，在土家族特有的丧葬仪式上，乡亲们聚在孝家堂屋里的亡者灵柩前，载歌载舞、围观助兴，以此怀念故人、安慰生者。土家人在长期的生产生活中喜欢集群活动，充分表现了团结协作的群体意识。从个体的着装看，服饰呈现出结构简单、材料质朴、色彩浑厚、装饰无华的形态，而穿着在集群活动中的土家人身上则呈现出一种恢宏的气势和磅礴的力量，致使土家族服饰的社会群

图1-16　土家族男女聚集跳摆手舞

体功能得到充分展现，增强了土家人团结中的维系力，展现出土家族服饰在群体活动中的民族群体气势之美。这种服饰群体性特征所具有的社会效应，直到今天还顽强地表现在土家人的服饰文化中。20世纪60年代，原湖北巴东县泉口公社出工干活的社员，无论男女，清一色的"鸦鹊褂"装束，配上背篓打杵，显得十分亮丽而矫健。

土家族聚居区是进入大西南的重要通道，历来是各种文化的融会之地，著名学者张正明将其称之为"文化沉积带"**❶**。因而土家族地区在历史上受到东部楚文化、南部云贵高原文化、西部蜀文化、北部汉中文化的影响，长期与苗族、侗族等兄弟民族杂居，吸纳了多种民族文化的因子，对土家族服饰文化的形成与发展产生了重要影响。改土归流后，大量流官、汉人的进入，族群的互动加强，使土家族服饰外观形式发生较大的变化。这也表明，土家族的服饰是在中原先进文化的强力影响下形成了自己的民族风格。在与其他民族的借鉴和相融中，又体现出本民族的民族精神。与苗族相比，土家族服饰纹样要丰富得多，但土家族的银物饰品在服饰中不占主要地位，只是点缀而已，没有苗族的张扬与炽烈。特别是土家织锦的图案纹样及组织结构均有民族间融通的痕迹，如唐代汉族的龟甲王字纹锦，其六边棱形与土家织锦中的粑粑架、椅子花系列纹样相通。土家织锦中的狮子滚绣球、龙凤呈祥、福禄寿喜等吉祥纹样也均来自汉文化。这些正是土家族传统文化心态与其他民族相通的体现，共同表达了一种对安定、和谐、康富生活的美好期盼。在与其他民族的和睦相处中，土家族文化体现出充分的包容性和谦让品格，学习、借鉴、吸收兄弟民族的优秀文化，形成了自身鲜明的服饰特征。

四、装饰审美的质朴性

审美价值作为服饰追求的基本功能之一，从远古人类服饰的产生到现代服饰的发展变化，始终都离不开人类欣赏美、追求美、创造美的心理驱动。毫不例外，土家族服饰的形成与发展同样也受到本民族审美意识与审美观念的深刻影响。如

❶ 谭志国．土家族非物质文化遗产保护与开发研究[D]．武汉：中南民族大学，2011：9．

果说自然环境、生产方式是土家族服饰形成和发展的客观条件，那么审美心理则是必不可少的主观因素，是在客观必然和主观需要基础上的一种主观能动的反应与创造。

土家族服饰的美是多样的：律动的色彩、精美的工艺、简洁的样式、俏丽的配饰都具有独特的风韵之美。土家族服饰通过特定的民族服饰形体语言和形式特征，使人们体会出它的自然质朴之美，以及其中所隐喻的民族传统文化意蕴与民族审美习惯，从而领略它的朴素纯真的艺术品格。

土家族受所处的地理环境、气候条件、山地型的农耕渔猎经济文化形态以及宗教礼仪、风俗习惯的影响，在服饰上表现出质朴的审美观念，致使土家族服饰形成了崇尚俭朴、经济实用、朴素大方、简洁庄重的审美追求。土家民族的这种审美习俗由来已久。《鹤峰州志》中有土家族服饰"俗尚俭朴""无一切奢靡之风"的记载，在《建始县志》中也有类似"建始俗简陋……男女作苦与共，俗不尚衣冠"的文献，以及《宣恩县志》中有关土家人"不尚服饰"的记载。这些文献记载，足以证明土家族不仅仅是某个地方、某个区域有这种风尚，而是整个土家民族都有追求俭朴的服饰打扮传统，以经济实用不奢侈浪费为准则，不兴奢靡之风，这在一个民族中是难能可贵的，反映出土家人的民族传统美德。❶

长期以来土家人质朴的审美观念形成了土家族服饰特有的审美情趣，并在服装的色彩、材质及纹样装饰上得到充分的体现。

色彩往往被土家人用来表达对生活的感受，是土家族服饰审美中的重要内容，以尚黑喜红为基本的表现形式。男子日常服装大多以青、蓝、白三色为主色调，表达一种简朴、浑厚、素净的自然之美；女子的服装色彩亮丽，特别是土家族女子的婚礼服色彩多运用鲜艳的饱和色，其中尤以红色为甚，被视为吉祥色。史书上记载土家人喜穿"斑斓衣"，特别是花被的斑斓色彩。土家族传统服饰上的红、黄、青、绿、黑等颜色交相辉映，呈现出浓艳而不俗的效果，表达出土家族居住地区的青山绿水和姹紫嫣红也是土家族审美意识的体现。土家人利用当地的自然资源，自织自染出具有丰富颜色的服装及织锦，并通过对色彩的冷暖、使用面积

---

❶ 金晖．从土家族服饰探讨其民族朴素的审美追求[J]．大众文艺（理论），2008（7）：101-102.

和肌理纹饰的处理，使之呈现出强烈的艺术对比，协调统一，彰显出土家人对色彩极强的掌控能力，具有较高的审美价值。

土家族服饰的材料多种多样、异彩纷呈，它们的运用与社会生产力的发展以及审美意识的提高密切相关。由于巴人所织的布相当有名，所以秦汉以来都作为租赋的替代物。土家族从织布到做成衣服，在形式上都是自耕自织的家庭经济，这种经济模式的最大优点，就是在农耕文明社会中培育出土家人经济实用、勤俭持家的传统美德。而材料的更新替代，始终以生产水平和人们对服装审美的追求等构成元素的变更为前提。服装材料的织造与挑花、刺绣、印染、织花等多种材质及工艺形式的混合并置，体现出土家人的心灵手巧，以及质朴的服饰审美追求。

土家族服饰虽简洁朴实，但常运用多彩的边花装饰。这种边饰是土家族富有特色的一种装饰纹样形式，来源于土家族崇尚俭朴的着装观念。在日常的生活劳作中，土家人为了使服装结实耐用，常在容易破损的衣领、衣襟、衣袖以及裤口边缘缝缀或滚上布条，以增强其牢度，之后就逐渐演变成为装饰服装布边的习俗。由于土家族服饰的材质多为自染自织的面料，造型简洁质朴，色彩素净，采用镶滚花边和布条的工艺方法在服装上进行装饰，增强了服装的审美效果，成为土家民族服饰中的个性表征。土家族男女都喜欢穿滚有边饰的衣服，这些造型拙朴的服装通过在衣袖边、衣襟边饰以花纹图案，使之增添光彩，给人以朴中见俏的审美感受。

图案纹样是土家族服饰的重要组成部分，不仅有着极强的装饰审美效果，还起着传情达意的作用。民族服饰的图案造型设计，与民族心态、民族习俗紧密相连，重在表达一种审美思想。如土家族妇女喜欢在作为嫁妆的鞋垫、肚兜上刺绣鸳鸯戏水、连理枝、蝶恋花及双鱼等吉祥图案，造型别致，色彩协调。再如土家族服饰纹样中最为常见的"阳雀花"图案，整个造型为抽象的几何形，稚拙清爽可人，色彩清新，花纹也异常明艳悦目，有着春意盎然的感觉，生动地体现了土家人心目中吉祥鸟的形象。这些图案纹样反映了勤劳智慧的土家人对艺术高度概括的表现力。另外，在土家族服饰纹样的构成中常采用对称的形式美法则，具体表现为服饰上镶嵌、绣制的纹样与图形的对称，以及配饰装饰上的对称等诸多方面。从艺术发生学的角度看，这使得他们的服饰具有某种原始艺术的意味。随着土家族服饰的发展，其纹样的表现形式也更为丰富。

如果我们把服饰作为一种艺术品，那么它有别于绘画、雕塑或其他造型艺术，是以活生生的人为中心，并将人与衣融合为一体的艺术创造。这种创造充满了民族的智慧和艺术的灵感。因此在审美价值上更呈现出一种不同风格与韵味的立体感和生动感。

以上我们从色彩、材料、边饰以及图案纹样等方面描述了土家族的服饰审美：呈现出绚丽多姿、色泽和谐、纹样丰富的审美艺术效果，加之工艺精良、制作考究，佩之以银光闪亮、造型优美的配饰，就形成了形美、色明、声脆的审美形式特点和赏心悦目的艺术美感。但这些并不能充分说明土家族服饰的整体风格与韵味，因为服饰作为一种表现艺术，其审美的价值更在于它的整体风格与特色。如果说我们在谈到色彩、纹样、配饰的形式美时，可以相对脱离服饰主体的话，那么在谈到土家族整个民族服饰的风格与韵味时，却不能忽略不同服饰主体的存在，以及他们与本民族服饰密不可分的关系。从这个意义上来说，土家族服饰给我们的是古朴稚拙之美、端庄凝重之美。

土家族服饰作为土家文化的载体，具有厚重的历史底蕴，是土家人千百年来生产生活经验的总结和提升，表现了土家人深邃的智慧和无穷的创造力。它们不仅反映出当地的自然生态环境特点，更映射出处于不同人文生态环境中土家族特有的精神风貌。

第四节　土家族服饰与非物质文化遗产保护

服饰是人类文明的产物。从服饰发展的规律来看，民族服饰的形成伴随着一个民族文明的产生经历了漫长的历史过程。由于各少数民族人口稀少，居住方式大分散小聚居，活动范围相对狭小，他们在相对隔绝的地域空间中，独立地生发、形成了具有本民族自己文化特点和艺术风格的服饰。在其发展过程中最核心的是服装上服饰民族个性物征的确定。一般来说，这种个性物征的形成，在其特定区域内的群体中，会随着最初服饰的个体表达而被不断推进。当群体中某个个体或某些个体的服饰被周围的人所接受，它就会被普遍穿着，进而作为一种共同文化心理的表现形式被认同，并得以积淀，而后在不断选择那种能够明确表示本民族文化个性的衣着过程中，使其成为一个民族特有的外部表征与符号并被长久地固定和保留下来。❶

从这个意义上来说，土家族服饰的发展历史表明其个性物征的形成主要是在改土归流前近一千年的土司时代，具有本民族特色的服饰结构样式、色彩纹样、装饰妆扮等都已基本形成。即使在改土归流后，土家族服装受到官府的强制干预，以及民间族群的互动和文化交流，致使服饰发生很大变化，文明程度相对提高，服装种类、样式、妆饰更为丰富，但变化并没有导致文化特性的丧失，通过新文化元素的渗入使表征土家族服饰文化的个性更为强烈。土家族服饰上原有的个性物征依然顽强地保留下来：斑衣罗裙、尚黑喜红、边花装饰、巾帕银环以及具有土家族象征符号的土家织锦。这些土家民族所具有的鲜明个性特征和多姿多彩的艺术风格，在表现土家族共同文化心理的同时，已成为构成其共同文化心理的重要因素。这种民族集体意识，使土家族服饰文化在数千年的农业文明社会中得以传承、延续。

从20世纪初的辛亥革命到20世纪70年代末的改革开放，随着中国社会发生的重大变化，土家族社会也面临着由封闭的传统农业社会快速地向开放的工业社会转型，致使农耕渔猎文明中成长的土家族服饰文化逐渐失去了存在和延续的文化环境，加之土家族地区城市化进程加快，人口大量流动，一些新的社会观念、风俗习惯、生活方式及审美情趣等方面也随之出现嬗变，土家族传统服饰逐渐陷入边缘化的困境。这种现象在其他少数民族中也普遍存在，许多地方的少数民族不再穿着本民族的服装。21世纪初国家启动非物质文化遗产保护项目，将少数民族服饰民俗明确纳入非物质文化遗产的保护体系，十多年来已取得了一定的成效。在国务院已公布的第一至第四批国家级非物质文化遗产保护名录中，土家族服饰未列入其中，入选的少数民族服饰仅有瑶族、回族、苗族等21个民族服饰，而这在全国少数民族服饰中不到40%，这种现象表明对少数民族服饰的保护与传承刻不容缓。

❶ 胡敬萍. 中国少数民族的服饰文化[J]. 广西民族研究，2001（1）：62-68.

"非物质文化遗产"虽然称为"非物质",但与"物"密不可分,其中最具代表性的就有民族服饰。就民族服饰本身而言,布料、款式、纹样、色彩、饰品等源属于"物质文化",是物化的、有形的,但与它密切相连的纺织、裁剪、制作、刺绣、印染等传统手工技艺却属于"非物质文化"(图1-17),是

图1-17 正在织锦的土家族妇女(源自国家地理中文网)

行为的、无形的,而展示民族服饰的节庆活动则又是民俗的。更为重要的是,民族服饰中所表达的款式地方性特征、历史记忆、图案与色彩中蕴含的深刻寓意,都是无形的文化,也是民族服饰的灵魂,更是民族服饰的生命。它们与作为物质的服装一起,构成了民族服饰文化的内涵,是非物质文化遗产保护与传承的主体。随着现代社会的高速发展,处于边远地区的少数民族服饰文化同样在或慢或快地变化,如果不迅速保护与传承,将会失去不少珍贵的活态文化。

在土家族服饰的保护、继承与发展中,要特别重视保护与传承服饰文化中所蕴含的精神文化,其主要有以下几方面的内容。

保护土家民族服饰的标识。民族标识就是民族服饰的表征。民族服饰之所以具有表征意义,就是它可以通过独有的表现形式强化身份和特点。民族服饰如果不能成为一个民族的代表性符号,它的表征意义即已丧失。

土家族服饰具有鲜明的民族特色,是与其自然生态环境、民族历史、民族审美观紧密相连的一种载体。一部民族的历史,就是孕育这个民族服饰文化的摇篮,这在很多民族的服饰中存在。如土家民族的八幅罗裙就是这个族群的历史记忆;再如土家族特有的土家织锦,是千百年来土家人集体记忆的传承。这些都是土家民族服饰文化的根脉与标识,也是土家族服饰中的精神文化所在之一。

坚守土家族服饰文化的民族特色。民族特色是民族文化的根脉所在。各民族服饰的不同风格,都是各民族性格的象征和文化心理结构的物化。土家族服饰色彩尚黑喜红,对比强烈,绚丽多彩。男装彰显出土家人的质朴干练,女装突出土家女性的风韵多姿,显示了土家儿女的豪迈气概,这是我们所要坚守的民族服饰

特色。

保护土家民族服饰的文化底蕴。土家民族服饰文化蕴含了区域风貌、社会特点、审美意识、宗教信仰、民俗特征等丰厚的内容，集中反映出土家族因生态、宗教、习俗等方面所形成的传统观念和心理素质等"无形"的东西（图1-18~图1-20），这也正是土家族服饰作为非物质文化遗产保护的重点。

尽管改革开放后土家族文化发生了结构性变化，但土家族独特的价值观念并没有改变，这些正是土家族服饰所依托的文化内涵。田好汉、向老官人、彭公爵主等土家人崇拜的祖先依然为人所敬奉，"白虎"仍是土家人的图腾物，土家族强悍劲勇的性格也没有改变，土家族地区"重巫信鬼"的风气仍十分浓厚。"撒叶儿嗬"中表现的达观生死观，"人死众家丧，大伙儿都拢场，一打丧鼓二帮忙"所体现的群体意识等，都表明土家族文化的变化是其内部的变化，变异后的文化仍是土家族文化。这些都是土家族服饰文化内涵所承载的。

目前，随着土家族人民民族意识的增强和民族风情旅游的迅速发展，各种民族节庆活动不断增多，促使土家族服饰逐渐回归到人们的视野之中，再次备受关注和青睐。从民族文化发展的本质要求来看，民族文化的多样性在当今时代必须

图1-18　张家界古老的傩坛打击戏（源自大公网）

图1-19 傩技——砍水桥(傩师：杨承香，第6代传承人，　图1-20 沿河土家族自治县甘溪镇沙坝村傩堂戏（源自多彩贵州网）
从事傩戏50年）

体现出现代文化的多样性，因为文化的创造性本质上是一个不断变革的过程。在
土家族服饰文化的传承、保护与走向现代化的过程中，唯有不断变革和创新，才
能带来传统文化的新的质变和全面的飞跃。

从服饰发展史来看，每个民族的服饰也是在不断发展变化着的。我们不能只
满足于传统而与时代保持"距离"，只有不断丰富和完善服饰文化的内涵，改革和
创新民族服饰的视觉美感，才能促进民族服饰文化的保护、继承、创新和发展。
只有民族服饰活跃于民众生活之中，才能与社会一起不断向前传承与发展。

土家族服饰文化对于传承与保护土家族历史、文化、风俗及民族民间艺术有
着十分重要的意义。然而，这一切都应建立在对土家族传统服饰文化深入研究的
基础之上。本书从文化遗产学和文化人类学的视域，将土家族服饰文化纳入非物
质文化遗产保护体系中，希望通过对土家族服饰文化的研究，为土家族服饰文化
的传承与发展提供理论参考，并为其现代价值的转换提供可行性资料。

以下将从土家族服饰的历史演变、服装形态、色彩表现、材质工艺、图案纹
样、装饰妆扮、服饰民俗、传承发展等方面进行系统的梳理探讨，力求还原传统
土家族服饰的真实面貌。

第二章
服饰流变　命运多舛

　　服装既是人类创造的必不可少的物质条件，又是人类在社会性活动中所依赖的重要的精神表现要素。它的产生与发展不仅受到人类物质生产方式的制约，更受到人类社会生活和精神生活的影响，在这种相互作用中表现出服装的发展变化所具有的普遍规律：服装的演变直接反映了人类社会的政治变革、经济变化和风尚变迁。❶从这个意义上来说，土家族的服装同土家族的历史一样，服装的产生与发展经历了一个漫长的时期，与土家族的社会、经济、政治、文化有着密切的联系。因而，我们在探讨土家族服饰的演变过程时，将其置入土家族社会历史背景中来考察，更有利于认识土家族服饰变化和发展的规律。

　　土家族是一个以山地农耕为主的民族。在其民族共同体形成过程中，先后融合了古代巴人、湘西北的土著先民、贵州乌蛮及其他少数民族和汉族。他们世居的地区，属于山区丘陵地带，海拔多在400～1500米，这一地区位于我国整个地势的第二阶梯，境内山岭重叠，岗峦密布，人迹罕至，大地贫瘠。在这样的自然环境中，土家先民长期过着原始渔猎的生活，生产力水平低下，秦汉以后才逐渐摆脱了原始生活的状态。至唐宋时期，先进的封建经济生活才得以发生影响。元明及清初建立了土司制度，加强和巩固了中央对土家族地方的统治。清朝实施了"改土归流"政策以后，中原的先进文化全面影响开来。清末至民国时期时局处于动荡。直到新中国成立以后，土家族地区才得以安定，并在民族政策的指引下健康有序的发展。土家族服饰的历史演变正是对应于这一基本社会历史发展过程，其发展可分为四个时期：一是宋代之前；二是元明至清初；三是清雍正后至民国；四是新中国成立至21世纪初。土家族社会历史发展的阶段性特征，也生动地表明了土家族服饰流变的轨迹，正所谓跌宕起伏、命运多舛。一个民族的服饰是折射这个民族历史的一面镜子，土家族服饰在不同的阶段所表现出的不同特征，更是深刻地反映了不同历史阶段土家族社会生产力发展水平的差异和社会变革的过程。

❶ 冯泽民，刘海清. 中西服装发展史[M]. 北京：中国纺织出版社，2008：20—22.

第一节 宋代及以前的土家族服饰

自古以来，定居在湘鄂渝黔边境的土著先民融合其他民族而组成族群。唐末五代以后，土家族这一稳定的人们共同体逐渐成为单一民族。早在周王朝时期，土家族地区就开始了行政建制，巴被封为子国。秦灭巴以后，巴人地区成为秦朝疆域的一个组成部分。唐至宋，中央政府对土家族地区实行任用当地首领进行管理的统治政策，史称"羁縻政策"。在唐王朝"树其酋长，以镇抚之"的怀柔政策下，"杂侧荆、楚、巴、黔、巫中"诸蛮纷纷归附。在这样的社会背景下，土家族服饰在这一时期又可分为三个阶段：上古至秦汉以前，秦汉至隋，唐至宋。

一、上古至秦汉以前

从考古发掘、民间故事、历史传说推断，土家族祖先是上古时期住在"五溪"（即现在的武陵山区）一带的土著先民。这是一块古老而神秘的土地，从酉阳笔山坝、龙山里耶溪口、保靖拔茅东洛、花垣茶峒药王洞等十余处新、旧石器时期的文化遗址来看，早在数千年前，这一带就有人类栖息。

在原始部落时期，土家族先民在还没有纺织技术的情况下，只有选择树叶、茅草、兽皮等自然物遮身，并在简单加工后作为遮羞御寒的服饰品。《摆手歌》中唱述的土家先民"身上捆的芭蕉叶，头上戴的芭茅草"即折射了土家族先民最原始的衣着装扮，印证了土家族经历了一个草秸裹身、茹毛饮血的原始时代。土家族人民的摆手活动，是土家族先民原始历史和原始生活的纪实。摆手活动的内容，一曰跳摆手舞，二曰唱摆手歌，三曰故事拨帕。当现拨帕时，装拨帕的人，全身捆着茅草、稻草，表示全身是毛，民间俗称"毛古斯"（图2-1）。在这种古老舞蹈"毛古斯"中突出了其结草为服的外部特征。以此推断土家族先民的生活方式很落后，还不会纺纱、织布，只得用兽皮、茅草之类的东西捆在身上遮体或防御外来的侵袭，这种寓意衣裙的稻草、茅草即是土家族先民最原始的服饰雏形。土家先人通过原始诡异的服饰装扮和肢体语言，保留了自然崇拜、图腾崇拜和祖神崇拜等上古时期特有的种种精神符号。由此可以看出，在土家族服饰发展的演变过程

图2-1　毛古斯装扮

中，他们的这种原始衣着装扮草创了远古土家先民的服装雏形。进入新石器时代
后期，这种状况开始有了变化。1973年，湘西土家族苗族自治州泸溪县浦市镇新
石器时代的文化遗址，出土了用于原始纺织的陶纺轮。2007年，这一地域的酉阳
笔山坝大溪文化遗址考古现场出土了新石器时代的许多文物，其中有比铜钱稍大
的石纺轮。位于酉水中游永顺县不二门的古人石穴也出土了类似的纺轮。这些出
土的原始纺织工具表明这一时期土家族已有原始纺织业出现，尤其是对粗麻的加
工。相关资料也有记载，"从树皮上取纤维，纺布以穿着"，表明土家族先民在此
时已经去草服布。商周以后，利用野生纤维"葛麻"进行原始"织造"已经相当
普遍。在龙山苗儿滩商周遗址中，也发现了大量的石纺轮、陶纺轮、网坠和骨针
等原始织造工具和彩色刻画纹陶片等物品。由于学会了纺织，土家人开始摆脱上
古时期原始衣物的着装状态，土家族服装的早期样式形成。

二、秦汉至隋

秦灭巴，统一六国后，在巴人住地设巴郡、南郡和黔中郡，分而治之。之后，
从汉至隋，各封建王朝虽在土家族地区均设置郡县、委派官吏，但是控制比较松
散、时断时续，处于不稳定的状态。与此同时，当地农业长期停滞在较为原始的
粗放阶段，生产力水平低下。然而在纺织生产上由于掌握了纺织技术和服饰工艺，

生产的服装衣料有了很大的提高，不仅改善了他们的穿着，还成为纳贡的物品。《华阳国志·巴志》记载："武王既克殷，以其宗姬封于巴，爵之以子……土植五谷，牲具六畜。桑、蚕、麻、纻……皆纳贡之。"《后汉书·南蛮西南夷列传》记载："及秦惠王并巴中……其君长岁出赋二千一十六钱，三岁一出义赋千八百钱。其民户出嵝布八丈二尺……"《后汉书·南蛮西南夷列传》中也有相关记载，土家先民板楯蛮，因呼赋税为"賨"，用大麻织一种细布，向秦纳贡，故名"賨布"。由此可见，此时賨布不仅是土家先民主要的服饰原料，而且也是主要贡品。

这一时期文献记载，西北、西南少数民族都学会了"织罽"的技术。《史记·西南夷列传》载，汉代居住在西南一代的少数民族，也用各种颜色的毛纱织成斑斓多彩的"斑罽"。《后汉书·南蛮传》还记载有土家地区最早的一支先民"五溪蛮"的服饰形态，"织绩木皮，染以草实，好五色衣服，制裁皆有尾形"。纺织衣料的发展使土家先民开始用布来装饰自己，他们头梳椎髻，腰围原始手工织机织的麻布条，身挂由五彩斑斓织锦装饰的原始衣裙。这种简陋的服饰可以从这一时期出土的相关史料得到印证。

1981年，在张家界永定区出土錞于2件，盘上刻铸有手心纹、椎结人头纹、鱼纹、梭子形窈曲纹、船形纹等，学者认为这是巴人遗物。可见土家先民在当时的发式为"椎结"。❶在战国墓葬中，出土了众多的玉佩、琉璃器、滑石器耳环、铜带钩等，反映出这一时期土家先民的佩饰文化。秦汉以来，直至魏晋，如《南齐书》载，包括湘西北土家先民在内的"蛮俗"："衣布徒跣，或椎髻，或剪发"。《后汉书》载，武陵山区土家祖先以"賨布"为赋。虽然寥寥数笔，却仍可看出其服饰十分简陋，与其形成对比的是头发样式的进步，这也印证了人类在从野蛮走向文明的过程中发式是其中重要表现形式的论断，尤其在我国少数民族居住地更为突出。❷1986年3月至1987年9月，于永定城区西北郊三角坪武陵大学工地发掘清理的西汉墓中，出土了一铜质跪式男俑（图2-2）。男俑头缠编织带，上身裸露，可见两乳，下身着裙，左肋佩长刀，佩带挎右肩，刀长8厘米、宽0.6厘米，前端

❶ 湘西州民族宗教事务局门户网站. 土家人服饰习俗资料[EB/OL].（2013-03-27）[2020-09-01]. http://mzzjj.xxz.gov.cn/mzzs/201912/t20191220_1489517.html.

❷ 周锡保. 中国古代服饰史[M]. 北京：中国戏剧出版社，1984.

图2-2　永定城区西汉墓铜质跪式男俑

带锋，后端握手处为短把。有学者认为是"三烛青铜烛台西南蛮夷铸像"。❶

以上出土文物让我们直观地看到了秦汉时期土家先民的基本外在形象，表明在贫乏落后的山地生活中，土家先民的着装显现出了当时简陋的服装样式：蓄发椎结、缠编织带、上身裸露、下身着裙。从服装形态发展的轨迹来看，这属于典型的原始服装形态。在人类服装发展史上，将土家族先民所着裙装称之为"腰衣型"，这种非成形类的服装多为原始社会时期的着装样式，之后的服装在此基础上，随着社会生产力的提高，逐渐发展为成形类的服装形态。❷

三、唐至宋

秦汉自建立中央王朝就开始在土家族地区施行"羁縻政策"，唐代在前朝的基础上，进一步实施表现为"怀柔远人，义在羁縻"的民族政策。这种政策的实施，客观上为土家族共同体的形成和社会相对稳定奠定了基础，致使土家族出现强宗大姓统治的政治局面。土家族地区逐渐脱离中央王朝的控制，成为由各土著首领控制的地域性相对封闭的独立小王国，从而拉开了与中原地区社会发展的差距，延缓了土家族地区社会形态的发展变更。在唐宋羁縻时期，土家先民大都居住在大山长谷、岗峦峥嵘的地域，气候条件恶劣，他们长期过着刀耕火种的原始生活，受中原文化影响较少，其生活水平远远落后于周围汉族地区，致使土家族服饰乃至其文化都处于相对落后的状态。

唐末五代以来，由于实行羁縻州县制度，社会比较稳定，土汉经济文化交流日益密切，因此促进了土家族生产的发展。而这一时期中原文化的影响，特别是封建经济对土家原始渔猎生活的冲击，带来了土家族物质生活水平的提高。其中江西吉水彭氏进入土家族地区，对土家族社会生活产生深刻影响，从此开始了江

---

❶ 湘西州民族宗教事务局门户网站．土家人服饰习俗资料[EB/OL]．（2013-03-27）[2020-09-01]．http://mzzjj.xxz.gov.cn/mzzs/201912/t20191220_1489517.html.

❷ 冯泽民，刘海清．中西服装发展史[M]．北京：中国纺织出版社，2008：197.

西彭氏对土家族地区长达八百余年的统治。彭氏集团入主土家族地区，一方面加重了对土家族人民的压迫与剥削，而另一方面在客观上促进了社会经济的进步，加速了原始社会的崩溃，并使封建的生产关系在土家族地区开始逐步发展。

这一时期，在经济上，随从百艺工匠以及陆续进入土家族地区的汉族人，用他们所带来的先进工具和生产技术，开发山区资源，使土家族地区出现了前所未有的繁荣景象，纺织业也取得了较大的进步；同时土家族妇女勤耕桑麻，喜种栽棉，这为土家族服饰的发展打下了牢固的物质基础。据相关资料记载，"土人善织賨布"，在这一时期依然保持这项副业，这种织品被汉人称为"溪布"或"峒锦"。溪州产溪布，澧州产纻布，巴东产糙葛，涪州产"僚布"，这些麻、丝织品都十分精美。❶此时的土家族不仅出现了素布，人们还会织土花铺盖，局部地区甚至出现了五色斑斓的花衣裙。由此可以看出，土家先民的纺织技术有了很大的提高。

到了宋代，由于和汉族的经济交流，土家族地区的纺织业得到进一步发展，出现了"女勤于织，户多机声"的现象，土家族地区纺纱织布的风气更盛。织布、织锦的技术提高，使土家族地区织出的锦被皇帝列入"溪州贡物"。与此同时，土家族用自己染、织的土布和彩锦，也丰富了自身的穿着。

根据《宋史·真宗本纪》记载，少数民族地区需向中央王朝纳税献贡，载有"大中祥符五年（1012年），洛浦、磨嵯峒（今保靖、咸丰等地）土人首领田仕琼等向宋真宗贡献溪布"。❷又如《永顺县志·食货志·贡献》记载："哲宗元祐二年（1087年）五月，彭允宗等奉端午布，十月彭儒武等奉兴龙节溪布。"这段文字是对当时土家族纳税献贡的文字记载，同时反映出当时土家族纺织风气的盛行。宋人朱辅《溪蛮丛笑》中"溪布"条释为"绩五色线为之，文采斑斓可观。俗用为被或衣裙，或作巾，故又称峒布。"同时，宋代黔州地区还有土产苎麻布、竹布、苎布、土布等。可见此时土家民族服饰制作工艺和技术都有了较大提高，"溪布"亦因为贡品而被誉为"宝布"。

尽管唐宋时期土家族纺织工艺日益发达，土家人自身所穿着的服饰仍然简陋

❶《土家族简史》编写组，修订本编写组．土家族简史[M]．修订本．北京：民族出版社，2009：50．
❷《土家族简史》编写组，修订本编写组．土家族简史[M]．修订本．北京：民族出版社，2009：53．

不堪，这是生产力水平低下和社会制度落后所决定的。唐代大诗人杜甫曾居游夔州，写下《戏作俳谐体遣闷二首》，诗有云"瓦卜传神语，畲田费火声"，生动地记载了当时的生活状态。宋代土家人的生活仍是原始粗放的经济生产，伴以狩猎、采集、捕捞。宋代范成大《劳畲耕》诗序云："畲田，峡中刀耕火种之地也。春初斫山，众木尽蹶。至当种时，伺有雨候，则前一夕火之，借其灰以粪。明日雨作，乘热土下种，即苗盛倍收。"北宋寇准诗《春初夜书》又曰："谁家几点畲田火，疑是残星挂远峰。"《宋会要辑稿·食货》载"村民刀耕火种，所收不多"。《四川通志·舆地·风俗》中云："峡土硗确，暖气晚达，民烧地而耕，谓之火耕。"描述的是当时刀耕火种的普遍情况。劳作方式十分原始，生产力极为低下，使得人民"终岁勤劳，不得一饱"。每到岁末不免食草木根实，还得利用原始的弓弩网套猎取、捕捞和采集兽类等补充食物来源，生活十分艰辛。《施州卫志》云：施州"地僻山深，民杂夷獠，伐木烧畲，以种五谷，捕猎鱼兽，以供庖厨。"土家族人民过着封闭、落后、原始的艰难生活。

由此，我们可以发现一个矛盾的现象，"一方面土家族地区具有悠久的纺织历史，并创造了成为'贡物''贡品'之类的纺织品；另一方面生产这些优质纺织品的主人，自己却无法享用。土家族穷乡僻壤的恶劣环境，致使他们经过了漫长的原始社会发展阶段，其生活水平远远落后于中原汉族地区"。这些"贡品"的生产是何其不易。这一时期生产力和经济水平都还没有达到满足自用的条件，这就决定了这些纺织品最终不能充分地运用于美化他们自己的生活，而是为统治阶层做嫁衣。这使得土家族妇女所织造的上好布料都只能作为纳税进贡，而自身的服饰非常简陋，这种现象一直延续了很久。

尽管这一阶段，缺乏出土的实物佐证，但我们仍可以间接地推断出，土家族服装的某些细节已初步具有了本民族的特征，特别是织锦工艺，在唐代以后得到了全面的发展。此时，用五彩华美的织锦制作服饰自然成为土家人的最爱，土家人崇尚斑斓多姿的服饰习俗，一直延续到清代"改土归流"之后。

从上古至唐宋时期是土家族从共同体开始逐渐形成为单一民族的演变阶段。有关土家族的历史记载很晚，即使有记载也只有反映五代之后的社会形态及社会经济发展状况，而服饰在文献上的记载就更晚了，有关五代之前的服饰文献资料几乎无法找到。我们只能从有限的考古资料、历史传说及近期相关研究成果中推断：宋以前的土家民族在服饰上表现为土家族服饰的初创阶段，其服饰的发展经历了从无到有的艰难过程，从最初的结草为服到后来的去草服布，先进的封建经济生活尚未对其本身穿着产生影响，服饰极其简陋，主要是发挥遮身蔽体、防寒御暖的实用功能；这一时期土家族服饰由非纺织材料向纺织材料演变，初步产生了服装的形态，因而在这一时期末，开始形成具有土家族自身特色的着装形式，奠定了土司时期土家族男女服饰的基础。

第二节　元明至清初时期的土家族服饰

从元代起，封建王朝开始在土家族地区建立土司制度，到明代日臻完善。土司制度是一种军政合一的组织（图2-3、图2-4）。受中央王朝任命的土司、土官实行封建世袭制，土司既是政治上的统治者，拥有一定数量的武装；又是各自区域内最大的封建领主，土民与土司是一种人身隶属关系。土司的官职，按等级分为宣慰司、宣抚司、招讨司、长官司。土司制度是一种封建的地方政治制度，形成于元，完善于明，而衰微于清。它是中国封建王朝在边疆民族聚居地和杂居地带实行的一种特殊的统治制度，是我国民族政策史中最重要的制度之一。元朝的土司制度，是中国历代封建王朝"以夷治夷"民族政策的承袭和发展；明朝统一南方后，朱元璋根据"威德兼施""德怀"为主的政策，在各少数民族地区广建土司，大力推行"因俗而治"之策；清朝初年清王朝基本上

图2-3　土司铁帽（源自《鄂西土家族简史》）

图2-4　封建王朝授予施南土司夫人的金凤冠（源自《鄂西土家族简史》）

承袭了明代的土司建制，直至"改土归流"。

土司时期，土家族地区开始受到中原文化特别是封建经济生活的影响，物质条件在新的先进制度影响下开始改善。土家族服饰在这一时期得到了全面的发展，服饰品类逐渐丰富，穿着形式已趋完善，民族特征日显突出，是土家族服饰史上极其重要的发展阶段。

从这一时期起，有关土家族服饰的着装形态在历史文献中开始有了记载，这对我们了解土家族服饰的演变与发展具有重要价值。这些文献中的记载大致如下：明代王士性《广志绎》卷四载"施州、保靖、永顺土人"为"短裙椎髻"。明代土司志《宣慰司志》记载："男女垂髻、短衣、跣足、以布勒额，喜斑斓服色，重农桑，男女合作。"明代《明一统志》也载："短裙椎髻，常喜渔猎，铜鼓祀神，刻木为契。"土司旧志曰："重岗复岭，陡壁悬崖，接壤诸峒，又边汉池，苗土杂居。男女垂髻、短衣、跣足，以布勒额，喜斑斓色服。"清代《永顺府志·杂记》曾载："土司时，男女服饰不分，皆为一式。头裹刺花巾帕，衣裙尽绣花边。""……喜垂耳圈，两耳累累然。"❶

从这些文献记载中，我们大致可以获得有关土家族服饰的相关信息：男女服饰不分，皆为一式，头裹刺花巾帕，高髻螺鬟，耳边垂有耳圈类的精美饰品；喜欢穿斑斓色彩的服装，衣和裙都较短，衣裙尽绣花边，尤喜穿八幅罗裙，常光脚赤足。这些都构成了土家族服饰的基本形态，成为土家人日常生活中最普遍的穿着打扮，连明代容美土司的土家诗人田信夫在《澧阳口号》中也描写了当时澧水流域的土家服饰："高髻螺鬟尽野妆，短衣穿袖半拖裳。儿夫不习衣冠语，逢着游人只道印"❷，给我们传达了一种土家人的独特风情。

从这些有关服饰的记载中，可以看出土司时期的服装已摆脱了原始服装的形态，具有上衣下裳的形制。服装的品类增多，色彩、纹样及佩饰日渐丰富，除满足基本的实用功能外，还具有了装饰审美的效果。这一时期土家族服饰的最大特点是男女服饰同形同质，样式多为短衣短裙，具有山地农耕生活的实用性。而

❶ 张天如. 永顺府志·卷十[M]. 乾隆二十八年（1763）刻本.
❷ 陈湘锋，赵平略.《田氏一家言》诗评注[M]. 中央民族大学出版社，1999.

"以布勒额""头裹巾帕""喜垂耳圈""服斑斓衣"以及"跣足"的装束则生动地反映了土家人所处的自然环境和人文生态，突显了土家族装束的民族特色。这些经历了数百年而形成的着装样式成为土家民族共同文化心理结构的个性物证，并长久地保留在土家民族的穿着习俗中，以至于在改土归流时期的清代有关文献中仍有记载，如乾隆《永顺县志·风土志》卷四引雍正十二年（1734年）永顺知县李谨文曰："永邑民俗，短裙椎髻，常喜渔猎，铜鼓祀神，刻木为契。"《来凤县志》载"男女垂髻，短衣跣足，以布勒额，喜斑斓服色"。同治十年（1871年）《保靖县志》载："无论为男为女，为老为幼，白布包头，短衣赤足……"同时，这一时期的服饰样式，我们还可以从弥足珍贵的出土文物中找到一些实证。如1998年，湖南省文物考古研究所的考古专家在永顺县老司城紫禁山明代古墓中首次发现了八块人物造像砖雕。八位男性上身为麻布短衣，交领窄袖，两袖饰有花边，为四十八勾图案；檐子走线，对扣；下遮八幅罗裙，前后各由四块组成，每块接缝明显留线。八幅罗裙拖地，但无图案装饰。2000年，张家界市文物工作队的考古学者在市城区子午路发掘了一具明代女尸，女尸下穿八幅罗裙，并盖土家织锦。❶

从出土的相关文物可以看出，八幅罗裙已成为这一时期最为重要的服饰之一，是标志性的文化符号。人们普遍穿着八幅罗裙，体现了土家人的祖先崇拜，这一点在民间传说中也有所体现。根据土家族地区流传的八王传说，土家部落首领八部大神神像也都是上身穿素色短衣，下身着八幅罗裙。八幅罗裙由八幅打花土布制成四十八勾图案（图2-5），土家语称它为"莎士格"。土家族巫师梯玛做法事时穿的八幅罗裙用赤、橙、黄、绿、青、蓝、紫、白八色八幅布料做成，下摆吊八枚方孔铜钱，裙片上绘有龙、日、月等图案，系在法衣内腰部，下垂及地。从出土的实物中还可以证实土家人善织的土锦在此时已趋于成熟，这与史料文献的记载是相符的，它们普遍用于衣、被。此时其图案纹样逐渐丰富，除具有代表性的四十八勾纹以外，还有"窝兹"（大蛇）、"埃结卡嗒"（猴子手）、"块毕"（椅子花）、"跌嘿"（豆腐架）、"啊僻"（岩墙花）（图2-6）等传统纹样，这些古老的织

❶ 戴楚洲. 澧水流域土家服饰文化素描[N]. 张家界日报，2010.

图2-5 四十八勾纹样

图2-6 岩墙花纹样

锦纹样几乎全是今人看来"抽象"或"半抽象"的几何纹，它们简练、率直、刚劲，达到了得意忘形的境地，也形成了土家锦独有的"名存形异"的艺术特色，并对后世的织锦产生重要影响。❶

除此之外，土司时期的男子佩刀习俗也成为土家族服饰的组成部分。据《大明一统志》记载，明朝天顺年间，永顺与保靖的"土民服花衣、短裙、露顶、赤脚、披发椎髻，好持刀剑"。《广志绎》记载，"明万历年间，保靖永顺，短裙椎髻，常带刀弩为威"，这给土家族的男子服饰增添了英武阳刚之美。

关于土司时期土家族服饰的形象资料极其有限，因而服饰的复原具有一定难度，我们只能从相关资料中归纳出这一时期服饰的大致样貌：男女服饰基本相同，上穿无领对襟开胸短衣，袖短而大，衣襟、袖口饰有花边，下摆两侧开衩，男服胸前有两副飘带，女衣多花边，下系八幅罗裙，每幅拼接处饰有花纹，男裙稍短不过膝，女裙宽大而长。发饰装扮为男女蓄发椎髻，裹青布刺花头帕，男女喜戴耳环，"大者如镯，以多为胜"，多者上十个，少者三个，"喜垂耳圈，两耳累累然，又有项圈手圈"，男女喜戴耳圈、项圈、手圈、足圈，常赤足，男子腰佩短刀。这一时期土家族服饰随着封建领主制的出现、生产力的提高而逐渐形成自身的独特风格。其具有以下三个特点。

其一，与之前的服饰相比，土司时期的服饰趋于丰富和完善，表明土家人的着装不仅与这一时期的社会经济相吻合，还与本民族文化心理的发展相适应。在着装的形式上表现出土家民族的祖先崇拜与宗教信仰，如这一时期土家男女必穿的八幅罗裙，后来成为土家男女重要的服装样式。为适应山地、农耕、渔猎生活，虽然土家族服饰趋于简单且实用，却十分注重装饰装扮。如男女喜戴耳环，并"两耳累累然"，还有项圈、手圈、赤足且戴足圈，衣裙"斑斓"，色彩鲜艳，这与现代原始部落居民的着装十分相似。在他们的装扮行为中，蕴含着原始的宗教信

❶ 田少煦. 湘西土家族盖裙图案考析[J]. 贵州民族研究，1998（3）：87-92.

仰。土家人常穿的斑斓衣为土家织锦，其四十八勾纹样寓意着对太阳的崇拜。

其二，从这一时期土家妇女服装的穿着中可以看出，她们的装饰装扮从样式、品类到表现手法等都展示得极为丰富，男装则相形见绌。服装发展的历史表明，世界上凡妇女地位较高的民族，女性的着装往往都优于男装。从土家族遗存的习俗中，我们看到妇女是具有一定地位的。如"重农桑，男女合作"，妇女与男子共同合作参与劳动；又如土家族男女婚姻较为自由，妇女有自己的"女儿会"，体现了土家族妇女具有一定的自主性。因而土家族妇女的服装更具开放性和自由性，这种现象也直接影响了土家族服饰的发展。

其三，这一时期土家族尽管处于生产力水平低下的状态，但仍然显示出阶级地位的差异，服饰就成为区别不同阶层的重要标志。生活水平低下，决定了服饰品不能优先服务于土家民众。再加上当时经济发展在土家地区极不平衡，土地贫瘠，土家族妇女辛勤劳动得来的纺织成果多以实物地租、赋税等形式上交给了统治者。普通民众的生活极为节俭，正如明万历《慈利县志》所载："衣服俭素，无丝纻文绮。至大家子弟，亦不敢服华衣以见人。"而土官们也有了专属的官服，据记载，男子一般穿麻布长袍，妇女一般穿红绸百褶裙，基本上承袭了唐宋王朝的冠服制度。进入阶级社会后，土家族内部的阶级分化日渐明显，贫富悬殊日益加剧，这在土家族不同阶层的服饰中得到体现。下层土民男女蓄发椎髻，赤脚短衣；而上层土司阶层则佩戴金凤冠、银首饰等，清代《永顺县志》记："妇女喜垂耳圈，两耳之轮各赘至十；饰项圈、手圈、足圈以示富。"不仅标志着她们之间的社会地位有天壤之别，而且也反映了不同阶层的社会财富相差悬殊。从实物资料也得到证实，如湘西土家族苗族自治州保存的一件土家族土司服装，其面料已是丝绸的（现藏于湘西土家族苗族自治州博物馆），十分华丽；恩施土家族苗族自治州宣恩县曾出土了一顶土司夫人使用的金凤冠（现藏于恩施土家族苗族自治州博物馆），十分贵重（图2-7）。

元明至清初的土司时期是土家族历史上的一个重要发展阶段，如果算上唐末五代，土司王在土家族地区统治了近八百年，这对土家族民族服饰特征的形成具有重要意义。从民族服装发展史的角度来看，民族服饰的形成伴随着一个民族文明的产生，经历了漫长的历史过程。在早期，处于氏族、部族发展阶段中的人们，

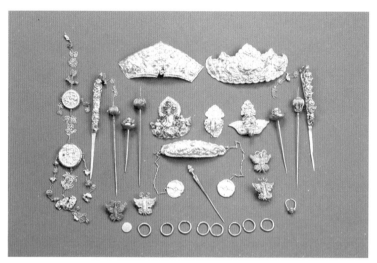

图2-7　宣恩县猫儿堡施南土司墓出土的明代金凤冠饰件（恩施土家族苗族自治州博物馆藏）

由于生产力水平的低下和地理环境的限制，其极为简单的服饰类型更多的是由地理环境和自然条件所决定的。在那时，土家族服饰作为土家民族共同文化心理结构一部分的外部表征，即服饰文化的个性特征，尚未完全形成。土家族服饰所表现的是处于山地性渔猎农耕经济文化类型的生态环境下的实用价值取向，而并没有表现出土家民族的人文意蕴和审美价值取向。从唐末五代至元明清初的土司时期，随着封建领主经济和社会生产力的发展，土家民族的共同语言、共同经济生活以及表现于共同民族文化特点上的共同心理素质，在形成的历史过程中逐渐定型。与此同时，带有民族特征的土家族服饰，伴随着这一历史进程，也同时形成并定型。当这种表征民族文化个性物征的服饰一旦确定，也就是说当服饰日益具有共同文化心理的象征意义时，它就会被这个群体所接受，并反过来成为强化这种共同文化心理的有效途径。[1]从这个意义上来说，土司时期是土家族服饰发展史上最重要的时期。这一时期，土家族服饰进入相对独立的发展阶段，在其发展史上具有里程碑的意义，形成了本民族的独特个性。"头裹刺花巾帕"和"男女蓄发椎髻，赤脚短衣，耳贯大环"，标志着土家族服饰趋于丰富和完善。土家族人喜欢穿斑斓色彩的服装，衣裙尽绣花边，佩戴饰物，常赤足，体现出山地民族的特征，即使是在"改土归流"后的数百年间，这种服饰特征还仍然顽强的存在。

[1] 胡敬萍. 中国少数民族的服饰文化[J]. 广西民族研究，2001（1）：62-68.

第三节　清雍正后至民国时期的土家族服饰

清雍正五年（1727年），清政府开始在土家族地区实行"改土归流"，即废除土官统治，委派流官治理，到乾隆末年，基本完成。土家族服饰在这样的社会背景下出现了急剧的变化，随后而来的清王朝解体以及民国时期的动乱都使土家族服饰停滞不前。这一时期可分为两个阶段：一是清雍正至清末；二是清末至民国。

一、清雍正至清末

清雍正年间的改土归流彻底革除了统治土家族地区几百年的土司制度，标志着土家族历史上一个漫长的旧时代的结束。在清王朝"去蛮"的政策下，土家人的思想不断受到儒化，生产方式不断进步，生活习俗也逐步改变。外来文化的入侵，一方面让生活条件本就艰苦的土家先民受到更重的压迫和剥削；但另一方面，这种社会现象在客观上也促进土家族先民在长期的生产劳动实践中不断提高生产力和改进生产技术。改土归流的实施，彻底打破了"汉不入境，蛮不出峒"的禁令，与此同时，清王朝在土家族地区设立学校，传播灌输乃至强制推行满汉文化，使该文化及生活方式广泛深入地传入了土家族地区。

改土归流后的土家族地区采取了一系列积极的经济、文化措施，土家族的风俗习惯发生了深刻变化。因而改土归流后的服饰也成为土家族服饰发展史上的一个转折点，其服饰文化符号在激变中得到进一步的强化。土家族地区改土归流后，封建地主制经济逐步取代了封建农奴制（领主制）经济，社会生产力发展水平明显提高，同时与汉族及其他民族的文化交流日益增多。汉族手工业者不断迁来，定居大小城镇和乡村，传播先进技术，改变了土司时期"自安朴陋，因鲜外人踪迹"的状况，土家人接受并学习先进技术，出现了"攻石之工，攻金之工，博植之工，设色之工"，[1]达到了"一切匠作，莫不有会"的程度，手工业产品不仅自足，而且远销外地。同时，这一时期土家族逐步改变了刀耕火种的生产方式，在纺织业生产中改进了耕种棉麻的方法，提高了蚕桑养殖技术，使该地区的纺织技

❶ 张惠朗，向元生. 土家族服饰的演变及其特征[J]. 中南民族学院学报（哲学社会科学版），1990（4）.

图2-8 福禄寿喜纹样

图2-9 一品当朝纹样

术有了较大的提高，为土家族服饰的发展提供了充足的物质条件。

这一时期，家庭纺织业占有重要地位，土家族妇女纺织、编织、绣织的土布、土花被面产量多、质量好。土家服饰面料以棉、麻和丝织品为主，由于材质和色谱的丰富，加之妇女纺织技艺的精湛，使土家织锦成为名副其实的"斑斓五色"之物。乾隆二十八年（1763年）修的《永顺府志·物产志》载："土妇颇善纺织，布用麻，工与汉人等。土锦或丝经棉纬，一手织纬，一手挑花，遂成五色。"清嘉庆《龙山县志》也记载："土妇善织锦，裙、被之属，或经纬皆丝，或丝经棉纬。挑、刺花纹，斑斓五色。"留存下来的织锦实物也可证实，这一时期土家织锦的工艺技术已达到了历史最高水平。同时土家织锦中的图案不仅保留了土家族原来的传统纹样，而且受汉文化的影响，许多传统吉祥纹样也大量地用于织锦纹样与服饰纹样中。如在土家织锦中创造出"福禄寿喜"（图2-8）、"一品当朝"（图2-9）以及"龙凤呈祥"纹样等；又如在女裙上绣有"喜鹊闹梅""狮子滚绣球""凤穿牡丹"等具有汉文化特征内容的纹样图案，极大地丰富了土家织锦及服饰纹样在这一时期的表现形式。❶

改土归流后，中央政府派遣的流官对土司地区的风俗进行一系列改革，使得土家族服饰从穿着习俗、服装样式到装饰装扮都发生了变化。

1644年满清建立政权后，在全国推行"改冠易服"，使得古代传统服装发生改变，雍正五年（1727年），清政府又开始对少数民族地区进行风俗改革。在土家族地区，清政府以服饰宜分男女为由，对土家族服饰进行了强制改革，禁止男性着裙、短衣赤足，仿效汉人礼仪及着装。据相关文献记载，雍正八年（1730年），永顺地区的第一任知府袁承宠檄示《详革土司积弊略》以化导土民"分别服制"。在这之前一年，保靖县首任知县王钦命颁布了五条禁令，其中就有《示禁短衣赤

❶ 田明. 土家织锦[M]. 北京：学苑出版社，2008：15-18.

足》。居集镇者，为避"鄙陋"，服饰速照汉人服色；而散处山谷之间的土民大概直到嘉庆年间（约1796年）才"分别服制"。从以上文字描述可以看出，经历了半个多世纪，土家族服饰男女一式的外观形式才得以改变。表明民族服饰的习俗是在漫长的历史过程中逐渐形成的，对它的改变绝非一朝一夕。即便是中央政府强制干预，也不是能立竿见影的。无论是清政府入关后强制推行的"改冠易服"，还是改土归流后对土家族地区所推行的风俗改革，都证实了以上服装变迁的规律。

以下史料详细记载了湖南保靖县当时的情景，清同治十年（1871年）《保靖县志》载雍正八年（1730年）钦命："今蒙皇恩改土归流，凡一切有关民俗事，宜相应兴举，从前陋习，合行严禁。为此，示仰居民人等知悉：尔民一村一寨之内，或二三人家，仰遵劝谕，即将衣履改换……示后，限一年，尔民岁时伏腊，婚丧宴会之际，照汉人服色：男人戴红帽，穿袍褂，着鞋袜；妇人穿长衣，长裙，不许赤足，岂不有礼有仪，体统观瞻！倘有不遵者，即系犬羊苗猓，不得与吾民同登一道之盛矣！各宜恪遵勿懈。""保靖男妇人等，头上皆包白布，宴会往来，毫不知非。夫白布乃孝服之用，岂可居恒披戴？合行严禁。为此示仰居民人等知悉：嗣后除孝服之家应用白布外，凡尔男妇人等，概不许用。若冬日御寒，以及田桑之际，或用黑蓝诸色。如违查究。"这段文字给我们提供了当时服装改革的许多信息，其中有几个细节很值得关注和体味，如"婚丧宴会之际，照汉人服色：男人戴红帽，穿袍褂"。这里的"汉人服色"实际上是经过"改冠易服"后的样式和色彩，以及通常所说的满汉融合后的服饰，这一点在"改土归流"后的土家族服饰中常有表现。例如，规定在礼仪场合，男人"着鞋袜"，妇人"不许赤足"，这种着装习俗是一种文明的象征，对改变少数民族地区的旧俗是一种进步。其中，对服装符号文化寓意的理解差异也很大，如"保靖男妇人等，头上皆包白布"本含有土家人宗教习俗之意，但在官府看来只能作为孝服，其间差异之大，可见一斑。同样在当时酉水流域的川东地区，也有相关文献记载。《邵志》载："风俗与化移易。酉阳旧杂蛮戎，家自为俗。然自改土以来，沐浴四十年之教，农安稼穑，士习诗书，风气断断乎一变。" ❶

---

❶ 四川黔江地区民族事务委员会. 川东南少数民族史料辑[M]. 成都：四川民族出版社，1996：74.

在"改土归流"之后，土家族服饰不仅种类多、质量好、装饰复杂，而且形成了齐全的成套服饰，如上衣、下裳、头上的帽、脚上的鞋和袜以及相应的佩饰；从服饰的类别看有礼服、婚服、孝服、丧服、官服等；从性别和年龄来看有男装、女装、童装和老年装，使土家族服饰趋于系统化，既保留了本民族的特色而又融合了清朝时期满汉服饰文化的特点，显示了土家服饰的新内容、新特点、新风格。❶在清乾隆年间《皇清职贡图》中也可以看到永顺、保靖等地区土家民族形象以绘图形式清晰呈现，当时土家男人已开始着裤，上衣为圆领短袍，衣长至大腿，包花布头巾，系花布腰带，裹绑腿；女人则"高髻螺鬟"，配以银饰，内穿立领短袍，外套对襟背心，下着过膝百褶裙，裙摆镶以花边，以布缠腿。

另外，在一些博物馆还收藏有这一时期遗存的服饰，如湘西土家族苗族自治州博物馆藏有清末土家族十字挑花女裤和男子"四喜衣"。"四喜衣"为大镶大沿如意头男式夹衣，宽衣大袖，对襟立领，黑色，襟缘、下摆压浅蓝条，两肩前后、胸、衣角及两腰开衩处均饰如意头，是土家族地区具有代表性的男子传统礼服。

强权的推行和中原文化的影响，首先在样式上，从男女一式到男女有别，逐步被满汉服饰所融合，而伴随着政府改革的推进和外来文化的冲击，土家族服饰在样式、面料质地、色彩等方面都发生了变化，土家族服饰因性别、年龄不同，服饰逐步有所区分。

土家族男子不再穿花裙，改穿上衣下裤。成年男子头包青丝帕或青布帕；上穿对襟布衣，钉7～11对布扣；有领，衣袖小而长，衣的下摆、袖口和领围用白色布条滚边。老人多穿满襟长衫衣，扎腰带。裤子不分年龄，皆为青、蓝色，上镶白布裤腰，裤脚短而肥大。青壮年人多用一幅青蓝布裹脚，宽口布鞋；老人则穿布袜，青布鞋。土家族妇女服饰色彩斑斓，饰物丰富。妇女上衣有左右开襟式，无领或矮领，衣襟、下摆及袖口均镶花边（图2-10），下着八幅罗裙。已婚妇女还爱穿白布衫套青色坎肩，下穿黑布裤，在膝部装饰有挑花纹样，裤脚口贴梅花条，脚穿青布面绣花鞋。未婚姑娘不包头帕，头上梳有长辫，穿颜色鲜艳的衣服；胸前套彩色挑花围裙，盛装时均带有各种银饰。土家族儿童的服饰也随之丰富多彩、

---

❶ 张惠朗，向元生. 土家族服饰的演变及其特征[J]. 中南民族学院学报（哲学社会科学版），1990（4）.

美观多样，主要表现在孩童的帽子上，按不同的季节和年龄变换不同的帽型，而童装的样式形同成人服装，衣身绣有花纹图案。

图2-10　清代土家族枣红满襟妇女服装（湖南龙山县黎承凤藏）

与此同时，由于土家族服饰受到满汉服饰文化的影响，改穿满汉服饰的人越来越多，满族、汉族部分服饰元素也更多地融入土家族服饰之中，加快了土家族服饰演变的进程。

雍正至清末的改土归流时期，土家社会受到制度更迭的影响，封建社会的主流文化对土家族全面渗透，并且与其他民族文化交流、碰撞，土家族服饰习俗及服装样式发生了深刻的变化，是土家族服饰发展史上的一个重要时期，表现为以下几个特点。

其一，从文化变迁的原因来看，新文化元素和文化特质的渗入是导致土家族传统服饰文化变化的主要原因。经过清政府的强烈干预和满汉文化的渗透，土家族服饰改变了土司时期的着装状态，样式丰富，种类齐全，改变了原有的一些旧习俗，增强了土家民族的服饰文明程度。如土家族服装按照不同性别穿着，男子不再穿裙。服装变迁的规律表明男女服饰从同形同质到性别的分野，也是服饰文明的一种进步。又如不再"跣足"而改穿鞋，土家人正是在这个时期才开始穿鞋，可见土家人的制鞋历史较短。据清嘉庆《龙山县志》卷七"风俗"载："向不知制履，市之肆中。近皆自制，与客妇等。"一旦土家妇女学会了制鞋，便会把衣裙中的挑花绣朵运用于鞋面，做出各种精美的鞋履。改土归流后的土家族服饰虽然变化显著，但仍然顽强地保留了表征土家族服饰文化个性物征的诸要素，如头裹巾帕、服色斑斓、镶滚边饰、佩戴银环等。

其二，从功能来看，土家族传统服饰不仅具有最基本的祛寒与保护身体的作用，而且还具有体现个人价值追求的功能。

其三，从制作样式和花纹来看，服饰制作样式、布料来源、花纹式样等不仅没有减少，而且还越来越丰富。

其四，从民族认同角度来看，名锦"西兰卡普"成为土家族的代名词，是土家族的一张重要名片。可见，土家族传统服饰虽已发生巨大改变，但这种改变并没有导致文化特性的丧失，反而通过新文化元素和文化特质的渗入，使表征土家族服饰文化的个性更为强烈，内涵更为丰富。

另外，改土归流后的土家族服饰社会功能更为突出，具有区分社会角色与等级身份的功能，如土家族官员以穿流官的服装为荣，并借此标榜自己地位的提高，标明自己进入统治阶级范畴。

土家族服饰在这一时期发生的变化体现了土家族服饰文化的进步，虽然土家族服饰得到了发展，然而土家民族仍然保持着崇尚俭朴的美德。据清代李勖《来凤县志·风俗志》载："民皆勤俭，不事华美……妇女多事行绩，以供衣服。""邑俗平居，皆大布之衣，非遇庆贺会宾客，虽缙绅之家，不著纨绮。"据方志载：土家族服饰"俗尚俭朴""无一切奢靡之风"[1]；"风俗俭约，不尚衣冠"[2]；土民"不尚服饰"[3]。这种状况普遍存在于广大的土家族居住区。这表明了土家族服饰具有崇尚俭朴的总体特征[4]。

二、清末至民国

19世纪中叶以后，时局的动荡使土家族地区的经济遭到严重破坏，农村手工纺织、印染受到严重打击。土布产量日渐下降，一些家庭手工业和手工织布工场相继被迫停产。辛亥革命时期，土家族地区的族群流动较之以前明显加快，各民族经济交往更加密切，文化交流更加频繁，对土家族服饰的影响加剧。其中，最明显的变化就是改穿汉族服饰的人越来越多，穿戴本民族传统服饰的人越来越少，从而使土家族服饰的主体开始发生质的变化。

民国时期，随着新文化的传入，土家族服饰的变化更为明显，如有些地区的土家青壮年男女把满襟款式的衣服改为"官装"和"操衣"。官装为男衣，领高、

---

[1] 鹤峰州志：卷六[M]．清光绪．

[2] 建始县志：卷三[M]．清道光．

[3] 宣恩县志：卷九[M]．清同治．

[4] 王平．论土家族服饰的文化内涵[J]．湖北民族学院学报（哲学社会科学版），2009（3）．

袖小、腰贴身，花裤带系裤腰后、两端露于肚前。操衣为女衣，向右开襟，高领、小袖、贴身腰，衣长至臀，显现出女身突出部位，再配紧身的绣花围裙、绣花鞋。此时城乡的土家人穿着差距也在加大，1938年《四川东南边区酉秀黔彭石五县垦殖报告》载："人民衣服，色重青蓝布料，其形式与内地无异，女衫长不过膝，男衫则夏短冬长。"又据《酉阳通志》载："民国十八年（1929年）以后，推行男女礼服，也只在酉阳县级机关公务人员和比较富裕的城镇居民中推行，乡村广大劳动人民的服饰，仍具土家、苗族传统服饰或兼有汉式。"

而偏远山区土家族仍穿着本民族服饰，变化并不明显。1943年《石柱督查外记》载："农妇装束，迥异城市，耳挂大环，头束白帕，髻重而加锡饰，长袖短裤，缠足之习似去未之。"这一时期，土家族地区兵灾频繁，农村经济陷于破产，商业停滞，民不聊生，已被破坏的土家族经济又遭地主、土匪、军阀等恶势力的摧残，土家人民贫困到了极点，服装的穿着仅仅只是为了御寒保暖而已，服装的色彩单调，形式简单，不外乎黑白两色，配饰也很少见。如这一时期的《古丈坪厅志》有载"头上皆包白布"，又如《来凤县志》记载："男女头缠长巾，喜为黑白色，四季不离。"时局的动乱和经济的贫困使土家族服饰的发展处于停滞状态，直到新中国成立前夕才有所变化。

清雍正年间至民国时期，土家族服饰发展跌宕起伏，急剧变动。尽管这一时期中国封建王朝逐渐衰弱并走向灭亡，但却是封建文化对土家族影响最全面的时期，因而使土家族服饰得到全面的发展，并达到了高峰。然而，从19世纪末至新中国成立前，由于战争和动乱，广大土家族人民披蓑衣、缠布条，衣不遮体，致使土家族服饰倒退到土司时代前的状况。

第四节　新中国成立至21世纪初的土家族服饰

1949年新中国成立后，党和国家制定和落实了民族政策，把土家族定为单一民族。土家族地区的生产力得到极大发展，人民的物质文化生活水平有了很大提高，给土家族服饰的发展提供了有利条件。特别是在改革开放以后，土家族地区发生了前所未有的变化，致使土家族服饰再次受到影响。这一时期的土家族服饰可分为两个阶段：新中国成立至改革开放前；20世纪80年代至21世纪初。

一、新中国成立至改革开放前

1949年中华人民共和国成立之后，全国上下掀起移风易俗运动，土家族地区的社会、政治、经济生活逐渐融入主流文化之中，这使得历来备受压迫的土家族人民实现了当家作主的愿望，劳动积极性得到极大提高，社会生产生活有了改善，衣、食、住、用等都发生了很大变化（图2-11）。新中国成立初期，随着国家对民族识别、调查研究的深入，少数民族的文化艺术得到重视，土家织锦在这个时期拥有了比较好的发展环境，土家族艺人的积极性也被调动起来，并出现了一批较好的作品，其中著名土家织锦艺人叶玉翠（图2-12）在1957年编织的织锦《开发山区》被选送至英国伦敦博览会展出，受到了来自国内外的广泛好评，从而也拓展了土家织锦在这一时期的影响力。在国家民族政策的指导下，为贯彻发展民族艺术、保留民族遗风的精神，土家族服饰重现异彩。当时城乡人民用传统技艺制作本民族的服装，特别是在节假日时，那些鲜艳的服装给本民族增添了无限光彩。这时土家族服饰的形制虽沿用和保留了封建社会末期的特点，但有所革新，已适应新的社会方式，男女服装款式都趋于短小。男子一般穿矮领对襟小袖衣，钉七对布扣，衣的长短、大小与汉族男装相同，裤短且裤口缩小。妇女一般穿右开襟衣，衣身合体，衣

图2-11 1957年湘西土家族苗族自治州第一届人民代表大会的部分代表（唐克立提供）

图2-12 叶玉翠与其艺徒

袖饰有花纹；下着裤，裤脚饰有花边，而古裙基本消失。男女都包巾帕，炎热天气也不分昼夜，青年妇女头帕饰有花纹。此外，妇女和儿童都佩戴首饰，特别是喜庆日子，她们都穿戴本民族服饰，充分彰显了土家族服饰风貌。

随着思想的开放、观念的更新、生产生活范围的扩大以及信息流通的加快，越来越多的土家人开始追求具有时代特征的服装。20世纪五六十年代流行的列宁服、青年服、学生服、军装等走进了土家族的日常生活，有些土家人也开始逐步放弃自己的传统服饰。同时，在国家民族政策的扶持下，大量青布、蓝布、花布等流入土家族地区商品市场，使得机织布逐渐取代原有的土织布、家机布，成为土家族服饰的主要服装材料来源。相关资料表明，1952~1966年，湖北恩施地区销售棉布多达1.82亿米；1967年共销售1.866万米，人均购入7.53米。在1950~1969年，湖北建始县曾流行中山装、列宁装、学生装等服饰。

同样，在西水流域的川东地区，这种变化也是十分明显的，《秀山县志》也载：新中国成立后"衣料花色品种变多，自织的土制粗布渐渐变少，土家族、苗族的服装有了变化，除节日老年人穿着本民族传统服饰以外，一般均以中山装、学生装作为主要服饰。"[1]对于这一时期的土家族服饰变化，长期从事民族学研究的学者柏贵喜就指出该时期变化经历了两个阶段："土家族服饰在建国后（新中国成立后）的变化有两个关键性的时期。一是土地改革（1950~1953年）和人民公社化运动期间（1958~1960年）。"[2]

图2-13　吹木叶的土家族女子（源自《利川土家族简史》）

20世纪70年代后，更多的新型面料进入土家族地区，如各种的确良、涤卡、涤纶、腈纶等化纤面料。许多土家人也穿上了当时流行的服装，但在较为偏僻、交通闭塞的高山地区，仍有少量老人或妇女穿戴传统服饰。这一时期土家族服饰呈现出多样化的特征（图2-13）。据这时期的相关资料记载，土家人穿

❶ 秀山土家族苗族自治县县志编纂委员会，等．秀山县志[M]．北京：中华书局，2001：602．

❷ 柏贵喜．转型与发展：当代土家族社会文化变迁研究[M]．北京：民族出版社，2001：145．

着与汉族无异，土家族服饰的本民族特色基本被融合，只是少部分老年人还穿着宽敞的满襟衣和白布腰青蓝布裤身的裤子。

值得一提的是，除服装材料的变化对土家族服饰产生影响以外，这个时期发生的"文化大革命"以及知识青年上山下乡也同样给土家族服饰的变化带来重要影响。李绍明在他的书中描述过："'文革'期间，大量的知识青年上山下乡，客观上推动了土家族服饰的变化。在其田野调查中，据梨树村、老店村的居民讲，'文革'以前土家族不管是老人、妇女还有不少穿着土家民族服饰的。知识青年下来以后，土家族青年男女模仿得多，接受了流行服饰。继而，中年男女在服饰上也逐渐变化，只有老年人的变换慢些。"❶中南民族大学民族学教授董珞与其研究生唐卫青分别在1997年和2004年曾对位于湖南省龙山县坡脚乡的报格村进行了田野调查，在他们的报告中有这样的记录：在1949年初期，该村大多数土家人还穿土家族服装，但是无人能说出具体的式样和花色，不过他们称其为便服和满襟，头上一定包有青的或者白的长帕。在土地改革和人民公社化运动中，与外界的联系得到加强，因而造成了传统服装（便服、满襟）的变化。20世纪五六十年代，汉族地区的布料大量销售到该地，而且比"家织布"便宜，便逐渐取代了"家织布"。这种以棉布为材质的近代土家新便服就应运而生了，只是这种便服比近代便服更加简洁。据当地的老人回忆，1949年初该村还有人穿便服，1956年走亲戚还戴银帽，1966年以后土家族服装基本消失了。❷

报格村地处崇山峻岭，交通闭塞，较完整地保存着土家族的传统文化，从该村的服装变化管中窥豹，可以看出土家族地区的服饰在这一时期的变迁。

二、20世纪80年代至21世纪初

1980年后，随着改革开放、经济体制的改革、市场经济的发展，以及家庭联产承包责任制的逐步推行和国家政策的逐渐宽松，土家族地区发生了翻天覆地的变化，人们的生活水平有了显著提高。1990年后，土家族地区与外界的文化交

---

❶ 李绍明. 川东酉水土家[M]. 成都：成都出版社，1993.

❷ 唐卫青. 土家族文化变迁[D]. 武汉：中南民族大学，2005：第二章（第四节）.

流更加频繁，各类大小服装店、各种档次布匹从外地涌入，使土家族地区的服饰日趋多元化。加工材料和加工方式日渐现代化，高科技也融入土家人服饰的制作当中，传统手工制作技术走向衰落。印染工艺、纺织工艺、土家族传统服饰的制作工艺以及银饰制作工艺等都基本失传。传统自纺、自织、自染的生产方式几乎成为历史，而改用现代工业缝纫设备、提花机制作。纺车、织机、染缸等染、纺工具多已废弃，连极负盛名的土家织锦也在劫难逃。改革开放初期，虽然土家织锦得到较大的发展，但社会环境的变化已经让土家织锦生存的土壤发生了极大改变，过去人们多在家织锦，但现在的村寨再也"看不见织锦的景象，听不到织机的声音了"。直到国家对民族非物质文化遗产开始重视，土家织锦的生存处境这才有了转机，现在主要在湖南的龙山、湖北的恩施土家族苗族自治州来凤（图2-14）等地继续生产，其产品的种类不仅有家纺和服饰用品，还包括新开发的装饰艺术品。

　　这一阶段随着土家族地区的社会变革，人们的服饰也有了日新月异的变化。西服革履开始在城乡年轻人中出现，各种款式、面料、色彩的现代时装纷纷进入土家族人民的日常生活中，以化纤为主的毛料、的确良、皮料、羽绒材料等机制服装走进寻常土家族家庭（图2-15）。随着受教育水平的提高和外来文化的巨大冲击，走出大山的土家族年轻一辈已经没有了祖、父辈相对保守的文化观念，开始大胆追求时尚服装。相关资料记载，在湖北建始县，各式大衣、西装、弹力紧身衫、夹克、拉链衫、连衣裙、弹力长袖衫、直筒裤、喇叭裤、运动衫、健美裤颇为流行，各式中青年时装不断更新，款式、花色品种也越来越多。这一时期土家族地区的劳动力大批流向经济发达的沿海城市，而周边地区的人们也不断来

图2-14　湖北恩施州来凤县土家织锦村

图2-15　改良后的土家族服饰（2014年摄于恩施）

往于土家山寨，这种双向流动对土家族传统服饰的变迁带来了深远的影响。据这一时期的《来凤县民族志》记载，近几年来，来凤县（土家族）已大大改变（过去）只重饮食、不重衣饰的习惯。特别是年轻人，好赶时髦，不仅讲究衣料质量好，还要求款式新。由于从市场上购买成衣成为主流，自制加工的服装（图2-16）基本被取而代之，因而中老年妇女服装也发生了很大的改变。他们大多已便装化（图2-17、图2-18），土家族传统的服装仅存于高山边远山区的老年人服饰中，其他地方几乎看不到了，就连原先老人的丝帕都很少见到，而代之以尼龙、毛线、羽绒材料手工制作或机制的帽子。

图2-16　咸丰土家族老衣裁缝铺（2018年2月摄于咸丰县活龙镇）　　图2-17　穿便装的土家族老奶奶（湖北民族学院美术与设计学院满溢德摄影作品）　　图2-18　穿便装的土家族老人（2018年摄于恩施州利川市）

　　笔者在湖北省恩施土家族苗族自治州调研时，专访过在来凤县长期从事土家族文化挖掘和研究的资深研究员唐洪祥，他回忆说在20世纪80年代初期，大多数土家人的服饰与汉人一样，特别是随着经济生产的发展、生活水平的提高，衣裳越来越讲究。家织土布很少，多为绸缎、混纺、呢料、毛料、化纤等。其中有一个细节还被收录到他后来出版的文集中："民族服装造价每套普通为三四十元，平时装素服，外出开会、参观学习、逢大节日穿得艳丽些，特别是学生考上民族院校，均制一套美丽的民族服装，多用西兰卡普图案镶边。"

　　为了更好地了解改革开放后偏远地区的实际情况，笔者还摘录了《土家族文化变迁》中有关报格村在当时穿着服装的描述，以窥见这一时期土家族服饰的变迁。年轻一代的服饰已经完全汉化，村里的男孩子春秋多穿夹克和牛仔裤，夏天上衣多穿圆领衫、T恤、衬衣和牛仔裤，冬天是穿买来的棉袄和裤子；女孩子春秋穿买的夹衣和裤子，也穿牛仔裤，夏天多穿T恤和裙子，冬天穿买的棉袄和裤子，也穿牛仔裤。县城来的汉族媳妇夏天穿着旗袍，搭配高跟的凉拖鞋。仅有六十岁以上的老人头上还包有青的或者白的长帕，偶尔也有老婆婆穿右衽的衣服，但冬天他们一般都穿黑色的右衽上衣。可以说，购料加工和买成品已经成为该村服饰的主要来源。❶

　　21世纪初，土家族服饰的日渐式微引起了生活在湘、鄂、渝、黔的土家族地区相关部门的重视，积极开展了对土家族传统服饰文化的深入挖掘、保护整理和创新工作。如湘西土家族苗族自治州和恩施土家族苗族自治州就结合当地情况进行了研发，但都只是应用于服务行业的职业装和舞台演出的表演装（图2-19、图2-20），并没有普及到大众群体。伴随着国内旅游业的兴盛，土家族地区的民族旅游业逐渐被挖掘出来，人们开始重新认识本民族服饰的文化价值，传统民族文化得到了应有的保护和重视。在旅游区、大型节日、重大活动中随处可见穿着本民族服饰的人（图2-21、图2-22），这既吸引了游客、彰显了民族特色，又标明了民族身份、增强了民族意识。

图2-19　现代土家族民族服装商店

图2-20　恩施土司城民俗表演服装（2012年摄于恩施土司城）

❶ 唐卫青. 土家族文化变迁[D]. 武汉：中南民族大学，2005：第二章（第四节）.

图2-21 改良后的土家族服饰（2014年摄于恩施街头）

图2-22 土家族生活场景还原（2017年5月摄于恩施女儿城）

新中国成立至21世纪初，随着中国社会的急剧变化，土家族也面临着由封闭的传统农业社会快速地向现代的工业社会的转型，致使农业文明中成长的土家族服饰文化逐渐失去了存在和延续的文化土壤，使传统的土家族服饰在现代人们的生活中渐行渐远（图2-23）。面对市场经济的冲击和现代文化的影响，土家族服饰的本民族特色基本上被融合和淹没，大众化的现代服饰逐渐取代了土家族服饰。现今，除了民族节日以及重大的礼仪场合外，几乎没有土家人穿着民族服饰，甚至随着生产生活方式的改变，土家族传统服装制作工艺已近失传，年轻一辈的土家族人已经不知道、甚至没有见过自己的传统民族服装。可以说，土家族民族服饰及其制作工艺即将成为土家族集体记忆中的美好回忆。

纵观土家族服装变迁历程，土家族服装变迁是土家族社会文化发展、演变的结果，每一次重大社会制度文化的改变，都使传统的土家族服饰发生跨越式的变迁，并呈现明显的阶段性、跳跃性特征。在土家族漫长的历史发展过程中，随着民族迁徙、移民戍边，以及朝代更迭、经济往来的日益增多与外来文化的渗透和影响，土家族服装作为中华民族服装的重要组成部分，不仅具有日常服装的普遍功能，还具有民族的标志与识别功能以及宗教信仰的表达等功能，包含着丰富的社会内容（图2-24）。在斑斓的中华民族服饰史册中，土家人用自己的智慧写下了光辉夺目的一页。❶

---

❶ 王平. 论土家族服饰的民族性与时代性特征[J]. 中南民族大学学报（人文社会科学版），2008（1）：62-66.

图2-23 恩施利川的乡镇街头（2015年摄）

图2-24 恩施地区土家族女儿会

　　土家族传统服饰是土家族社会文化的重要物质载体，由于土家族社会经过了特殊的社会发展道路，所以服饰的发展变化必然体现出它固有的规律和特点。在漫长的历史长河中，土家族服饰经历了四个时期：一是宋代之前；二是元明至清初；三是清雍正后至民国；四是新中国成立至21世纪初。每一个时期都具有独特的服饰文化特征。从这一发展轨迹来看，土家族传统服饰的变迁是绝对的，稳定是相对的。可以说，土家族传统服饰变迁史就是一部土家族社会经济文化发展史。

第二章
斑衣罗裙　丰姿异态

我们从第一章对土家族服饰历史流变的阐述中，可以看到土家族服饰整体的发展，从上古的以自然物遮体到秦汉时期的布衣，从土司时期民族特征的形成再到改土归流后的丰富，直到20世纪至改革开放后的深刻变革，都一步步刻画出了土家族服饰不同时期的显著特征。虽历经岁月的洗礼，土家族服饰仍然保留着自己独特的民族风格，喜斑斓服色，短裙椎髻，头帕银环，短衣跣足……服装形态的各个方面都渗透着土家人的情感，具有独特的文化内涵。

第一节　造型独特形制显个性

在土家族地区流传着这样一首脍炙人口的服饰民歌，歌中唱道：

"世人如树桩，全靠穿衣裳，棕披衣，棕围裙，耍须子耍，多漂亮，棕编的衣服，不怕风雨狂。

世人如树桩，全靠穿衣裳，苞壳叶，编衣装，耍须子耍，多漂亮，草编的衣裳，冬天暖洋洋。

世人如树桩，全靠穿衣裳，麻围裙，麻草鞋，耍须子耍，多漂亮，麻编的衣裳，穿起走四方。

世人如树桩，全靠穿衣裳，竹帽子，竹套装，耍须子耍，多漂亮，竹编的衣裳，走路响叮铛。

世人如树桩，全靠穿衣裳，土家人，鸦鹊服，耍须子耍，多漂亮，土家鸦鹊服，古今有名望。"

歌词押韵，跌宕起伏，配上土家族喜闻乐见的传统民歌小调进行演唱，极富民族风情，是土家族服饰历史文化的缩影。从最初的棕衣草服到麻裙竹帽再到后来的鸦鹊服，生动地概括了土家人所经历的穿着轨迹。歌词中反复出现"世人如树桩，全靠穿衣裳"和"耍须子耍，多漂亮"的这两句，前者是土家族地区的一句谚语，大意是说衣服乃身之章，具有修饰人的作用；后者则是土家族民歌中常出现的一个衬句，反映的是土家人质朴的审美观。

透过这样一首色彩浓郁的民歌，我们可以看出土家人对服饰美的执着追求。

在物质贫乏、生产力低下的时代，土家族仍具有极其洒脱的个性，虽然穿着简陋，但对美的追求已经远远超越了外表。由此不禁会联想，土家族儿女是拥有着怎样的一种民族风情才能创造出如此美妙的歌曲，服饰文化又是一个民族的真实写照，我们正好可以通过土家族服饰形态特征去深入了解这个多姿多彩的民族。

土家族是个历史悠久的民族，早在宋代就已经有文献记载，但在宋代及宋代之前，所有文献都没有涉及相关土家族服饰的内容，直到明代才开始有明确的服饰内容记载。由此可见，土家族服饰至少在明代以前就已经具有了自己独特的民族风格。到清代改土归流之后，官府对土家族民俗进行了改革，使土家族在服饰上发生了变化。清末到20世纪中叶，由于社会的动乱以及汉文化的逐渐深入，传统的土家族服饰已渐行渐远，对于它的原貌，只能从现存的历史文物、资料以及散落于民间的少数土家族服饰实物中了解并完善。

关于传统的土家族服饰，国家民族事务委员会的官网上这样描述：在服饰方面，土家人尚俭朴，喜宽松。传统衣料多为自织自纺的青蓝色土布或麻布，史书上称为"溪布""峒布"。女装上衣矮领右衽，领上镶嵌三条花边（俗称"三股筋"），襟边及袖口贴三条小花边栏杆；下穿八幅罗裙，裙褶多而直，后改为裤脚上镶三条彩色花边的大筒裤。姑娘素装是外套黑布单褂，春秋季节多穿白衣，外套黑褂，色似鸦鹊，称为"鸦鹊衣"。头发挽髻，戴帽或者用布缠头，喜戴耳、项、手、足圈等银饰物。男式上衣为"琵琶襟"，后来逐渐穿对襟短衫和满襟短衣；缠腰布带；裤子肥大，裤脚大而短，皆为青、蓝布色，多打绑腿；头包青丝帕或1.67～2米（五六尺）长的白布，呈"人"字形；脚穿偏耳草鞋、满耳草鞋、布鞋或钉鞋。这段文字大致描绘出了土家族服饰的基本特征。根据这段文字的描述，我们采用了绘画的形式来展现土家族传统服饰的个性特征（图3-1）。

图3-1　土家族传统服饰（徐宇倩绘）

由此可见，土家族服饰发展至今已有自己独特的服装样式、工艺制作、色彩纹样及装饰妆扮。经过长期的历史沉淀，土家族服饰类型丰富、品种齐全、品类多样，不仅日常服装斑斓多彩，而且在不同的场合，土家族服饰有不同的特色。红门喜庆，新娘穿红色的"露水衣""露水鞋"，胸前挂银链、银花，新郎穿长衫，披红挂彩，别有一番情趣。法事活动时，土老司头戴"五冠帽"，身穿八幅罗裙，神秘而庄重。白门丧事，土家族专有丧服，重孝头包白布帕，穿白衣、白裤、白鞋，表示对死者的怀念和哀悼。不同职业也具有不同的服饰穿着，如铁匠穿长而宽的牛皮肚兜以防灼伤；猎户挂绣花子弹肚兜是实战的需要。可见，土家族服饰不仅种类多、工艺复杂、装饰丰富，而且形成了齐全的成套服饰，如上衣、下裳、头上的巾帽、脚上的鞋和绑腿，以及相应的各种配饰。

土家族服饰从类别上可分为生活礼服、婚服、丧服、职业装等；从性别年龄上可分为男子服饰、女子服饰、童装以及老年装；从日常生活及礼节上可分为常装和礼装。可见，土家族服饰具有相对完整的体系，且趋于系统化。

总体而言，土家族服饰的结构款式以俭朴实用为原则，喜宽松、结构简单、款式实用、衣短裤短、袖口和裤管肥大。由于土家族属于南方少数民族体系，主要分布于湘、鄂、渝、黔接壤地区，这种山地型的自然生态环境对土家族服饰的结构和造型有着重要的影响。在造型上，土家族服饰具有清末服饰的特点，上衣多为对襟或斜襟，领式为矮立领。平面的服装裁剪款式使结构线简单，多呈直线状，其表现效果是平直方正的外形。袖大而短、衣长而肥，在衣襟和袖口缀有宽窄不同的边饰。下衣多为裤或裙，裤子短而宽松，裤腰宽大，裤口也缀有宽窄不同的边饰；裙摆也宽大，颜色鲜艳，上下造型和谐。这样的服装适应当地气候，也有利于人们在山高坡陡的地方劳动。土家人还在衣边衣领绣上花纹装饰，绣工精美，色彩明快，具有浓厚的民族特色。

在结构上，传统的平面裁剪方式使土家族服饰仍保留着我国传统服装的结构特点，主要为前开型的交领式和大襟式两种（即对襟和斜襟）。这样的结构特点不仅适应了土家人的生产生活需要，也反映了土家族服装的发展轨迹。总之，土家族服饰在结构和造型上因分布地区广而在具体的各个地区存在差异，但总体风格特征相似性强。

第二节　宽松便利男儿当自强

在土家族的传统服饰中，男装的主要风格就是宽松便利、自由干练。土家族男子的一般形象为上包缠头帕，着对襟衣，下穿裤脚大而短的裤子。在男子服饰中，包缠头布先由白布改为黑布，后进化为青丝帕，额前包成"人"字形，不分寒冬炎夏，四季都包"头袱子"。中青年男子包青丝帕或青布，左边留有6~7厘米（约两寸）长的帕头要须，有的地区帕头不露于外，过去还在左耳戴耳环，现已不多见。

一、男上衣

土家族男子上衣主要以实用为主，在土家族的着装习俗中，具有代表性的土家族传统男子服装主要有以下几款。

（1）对襟衣：常见的一种土家族男子服装，属于土家族男性上衣的主要款式。这种长袖对襟衣，俗称矮领对襟蜈蚣扣式上衣，多为黑色，宽衣大袖（图3-2）。袖口、襟缘、下摆压青边条；用一色布双层做领子，领宽约3厘米；下摆和袖口处有与衣服一色的内裇（土家族一种常见服饰边缘处理工艺的通俗说法），宽约2.5厘米。有的衣服领子处有一块用白布缝制的扇形内贴（俗称"打过肩"），约为一般脸盆的一半大小。前面中间对襟分别有用白布缝制的内裇，宽约3厘米；外面安放有布纽扣，俗称"蜈蚣扣"，有些地方也称为"蜻蜓头"。这种布纽扣是用同一色的布料，先几层折叠后经过缝合，成一条细、圆、长的带子，再将带子缝制成对襟纽扣。安放纽扣也很讲究，按5~7（也有7~9）粒均匀排列（常为单数），做好标记后直接缝在对襟上，然后还要在每粒纽扣的两边缝上一条线。这既可以使衣服有一种线条美，又可以增加纽扣的牢固度。用对襟扣锁襟，一般不绣花，但亦有在袖口贴花边栏杆的。"栏杆"指花布边，这种款式往往与绣花板带相配，是土家族男性在社会生产、日常生活中最主要的服装。通常情况下，对襟衣的两对襟下方有用一色布分别缝制的荷包，荷包大小与衣服相宜，大的可装一斤葵花籽。相比中年男子而言，青年男子的对襟衣多为蓝色、镶花边（图3-3），这样可以体现出土家男子的阳刚干练、精神抖擞。对襟衣作为土家族男子常穿的便装是在传统四喜衣的基础上简化而成的（图3-4），四喜衣是土家族地区具有代表性的男子传统礼服。湘西土家族苗族自治州博物馆收藏的清末男子四喜衣，让我们看到了改土归流后土家族男子礼服的真实面貌。这件四喜衣为大镶大沿如意头男夹衣（图3-5），长328厘米，以深蓝呢为面料，蓝家织布为里。衣长83厘米，有领，领高2.5厘米，对襟，有铜纽扣5粒，下摆微带弧形，腋下13厘米处开衩，袖短而大，袖口径44厘米。在襟前、背部及前后下摆处贴大朵云钩纹，以门襟为中轴线对称排列。襟前贴花，为倒三角形，最宽处在肩部，从两肩向下10厘米处形成一云钩，再在距领30厘米处的胸部形成云钩，然后合二为一。背部贴花云钩与襟前贴花云钩的花纹、形状、大小相同，以肩为界对称装饰。前后下摆的贴花图案也采用云钩，云钩皆用黑色丝绸剪成，以白布包边，白边处再饰以浅紫色的细花带，袖口处镶黑、蓝丝绸边。这些都为我们研究这一时期的土家族服饰提供了形象的资料。

图3-2　现代男子对襟衣（湖南龙山） 图3-3　现代土家族男子对襟服饰（恩施土家族苗族自治州文化馆藏）

图3-4　土家族男上衣　　　　　图3-5　土家族男装（湘西土家族苗族自治州博物馆藏）

（2）背褡：俗称"背褡子"（马甲、背心），这也是最常见的土家族男子服饰，既实用又具装饰性（图3-6）。两肩前后、胸、衣角、两腰开衩处均装饰如意钩；下摆两边缀无盖口袋，装烟包或其他杂物；有的也会在背部上方肩颈部另缀一块布，用针线缝实，使衣服耐磨耐穿，这种俗称"打过肩"的工艺与对襟衣相同。穿着背褡可防止粗糙的背篓磨坏衣服，从材料上来说，春秋穿夹背褡，冬天穿棉背褡，富裕人家则穿皮背褡。由于背褡具有很好的实用性功能，在土家族地区不仅男子穿着，后来女子也常穿着。这种背褡多为矮领，后来为了适应季节变化，出现了无领，色彩上多为青、黑色，在土家族经典的鸦鹊装中，这种黑色的背褡成为核心的服装要素。

（3）"琵琶襟"上衣：土家族男子服装中传统的上衣（图3-7、图3-8）。衣领适中，衣袖宽大，衣边镶布条，大襟只掩至胸前，缠腰布带，安铜扣或布扣，纽扣自大襟领口转到立边下方，排列较密，衣边上镶梅花朵或绣"银钩"。这种样式主要为土家族男子早期的穿着，清末以后逐渐改穿满襟衣和对襟衣。

在贵州沿河地区，男子常穿滚韭菜花边的对襟短衣。在湘西地区，男子还有着盛装的习俗：内穿四喜对襟衣，外套织锦背褡。四喜对襟衣以青、蓝、白为主色，用料讲究，做工精细，双排七至十一对扣，俗称蜈蚣扣。袖口、领口及裤脚口滚边加花边滚筋；胸前、后肩、下摆、前后、两侧均挖8个如意云钩纹。头缠青丝帕或织锦花纹帕，帕长约3.6米（一丈一尺），缠成人字路或

图3-6 土家族男子背褡

图3-7 现代土家族琵琶襟男服（恩施土家族苗族自治州文化馆藏）

图3-8 土家族琵琶襟男装（唐克立提供）

"锅螺圈"形，没有完全盖住头发。

二、男裤

土家族成年男子常穿单层大裤腰大裤脚的便裤，其裤脚大而短，俗称"大筒裤"（也称"一二三裤""折折裤"），皆为青、蓝布色，裤腰喜用白色。腰系一根带子固定裤子，睡觉时通常也不取下；有的人干脆不系裤带，将裤腰折叠卷一下掖住就行了，以方便穿脱。改土归流后，男裙改为裤，不论老中青年，均是青、蓝布裤管上白布裤腰，裤口处青年镶花边、中年贴异色布。所谓"一二三裤"也称"抄腰裤"，青、蓝布，白裤腰，宽在20厘米以上，腰围很大，不用系裤腰带，裤脚口有同色布的内褊。"一二三"实际上是穿裤子时的三个程序，一是将大裤腰向前折叠到能够贴身为止；二是将折叠好的裤腰顺着身体自上而下地外卷，卷到不会松脱为止；三是用手在身体的四周向下扯理裤子，目的有二，一方面看裤子是否可能松脱，另一方面是将卷过的裤腰理顺，看上去伸展，穿着舒服，不影响用力。❶还有另外一种说法：一是右手将大裤腰向前拉直，左手将拉直的裤腰向怀里压到能够贴到肚皮的右侧；二是右手将拉直的裤腰部分向左折贴到肚皮的左侧；三是双手将已经折叠到肚皮的裤腰自上而下地向外卷，卷到不会松脱为止。实际上这两种说法是指不同的穿着方法而已。

三、围腰

围腰，也称"水围腰""围裙"，是土家族男子劳作时系在腰上的一种服饰。用长方形布块在上端两头缝或系上带子，围系在腰间，能起到挡风保暖、保护衣服整洁的作用，或在抬重物时用作肩垫，或在地里劳动休息时当坐垫用。也有的用一块包袱布，将上端两角系于腰后，这样即可便于劳作。

❶ 殷广胜. 少数民族服饰（下）[M]. 北京：化学工业出版社，2012：183-184.

在日常生活中，土家族男子还常喜用板带和褡裢（图3-9）。

图3-9　土家族挑花褡裢

四、鞋

长期以来，土家族男子以"跣足"为生，改土归流后才逐渐开始穿鞋。土家族中青年主要穿布鞋，外出和劳动时穿偏耳草鞋。此外，土家族中青年鞋子分冬夏和劳闲时转换。春夏秋穿小圆口夹布鞋，袜子用布做，俗称"筒筒袜"，一般穿法为袜子套上袜船，再穿鞋子，一般穿青布鞋和草鞋。冬穿深口蚌壳棉布鞋，劳动时穿偏耳或满耳草鞋，一般不穿袜子，打白布裹腿，俗称"裹脚"，对腿部起保护作用，天冷时用棕皮包脚再套上草鞋。有的人家备有牛皮钉鞋，供雨天穿用，不穿袜子打裹腿。与老年人不同的是，年轻人裹腿除打圈纹还打人字纹，显得人精干雄健。

第三节　风韵多姿巾帼胜须眉

"女儿生得一枝花"是对土家族妇女的赞美。长期以来，土家族妇女非常注重装扮自己。较于男装而言，土家族妇女的服饰更为丰富多彩，形成了独具特色的土家女装文化。

土家族妇女的服饰在土司时期就已基本完备，头裹刺花巾帕，衣裙尽绣花边，绚丽多彩，式样独特，耳环项圈累累，其可谓纷彩呈现，使人眼花缭乱，反映出土家族妇女朴实无华、热爱生活的精神面貌。改土归流后，服装更为丰富多彩，女子大多上穿大襟衣，下穿裙或裤，在不同年龄和不同场合女子的穿着打扮都有着区别，体现出一定程度的服饰文明。土家族女子的打扮，在《打扮给郎看》的山歌对唱词中描绘得颇为真切：小妹生来一十八，收拾打扮看婆家；头帕围成凤凰冠，重复叠叠入云端；两耳挂上银耳环，吊上坠子好飘然；手圈套在手腕中，戒指戴在手指间；项圈系上红丝线，佩上银锁挂胸前；上衣嵌滚"三股筋"，下穿

花套罗裙；蛇皮腰带围脐上，绣花鞋儿枝牵蓝。**❶**

在土家族的着装习俗中，较有代表性的土家族女子服装主要有以下几款。

一、女上衣

土家族的女式传统服饰，结构款式以俭朴实用为原则（图3-10、图3-11），喜宽松，结构简单，但注重细节。主要包括大襟衣、矮领斜襟绣花式上衣、无领满襟衣及"银钩"，这些上衣均为土家族女子服饰中较为常见的服装。

（1）素色大襟衣：为右衽，袖大而短，矮领，滚边，衣襟和袖口有两道不同的青边，但不镶花边，俗称胸襟衣（图3-12）。在右襟开口处的上部留有一块多余的布，叫小衣片，用来缝制荷包，可以存放东西，如针线或钱物等。大襟在用色上以素色和蓝色为主，配以黑白花纹的白裤，深浅色调的对比给人以清新自然的感觉（图3-13）。外形特征上，整体衣身宽松且显长（图3-14），线条柔美流畅，总体风格清淡平易，飘逸自然，即使在襟缘和袖口处，也只是以素色布条或素雅花边作为装饰。

（2）矮领斜襟绣花式上衣：其基本特征是在领、襟、袖等处绣花或贴各色花边栏杆（图3-15）。其中领上镶嵌三道布边（俗称"三股筋"），以布扣锁襟；袖宽大，常装饰有花边，湘西地区一般为7厘米，贵州地区多达10厘米以上。这种款式的上衣往往与绣花围腰相配（图3-16），是土家族女性在日常生产、生活中最

图3-10　土家族女服右衽小袖（冉博仁提供）　　图3-11　土家族女上衣

❶ 彭英明．土家族文化通志新编[M]．北京：民族出版社，2001：310-311．

图3-12 素色大襟衣（冉博仁提供）

图3-13 素色大襟衣

图3-14 风雨桥纳凉的土家族老人

图3-15 花边栏杆上衣

图3-16 土家族女子（源自《鄂西土家族简史》）

主要的服装。湘西地区，常采用挑花的形式，上衣到下摆有约5厘米宽的十字挑花，袖口各镶约11.5厘米宽的素色布。

（3）"银钩"：又称为"云钩"，这种服装款式是女性服饰中最具装饰性的服装（图3-17）。其款式也为矮领右衽，"外托肩"，衣襟和袖口镶宽青边，袖口青边后再加三条五色梅花边，胸襟青边则用彩线绣花，襟缘及下摆两侧开衩处拼接墨色宽边（银钩），并镶滚浅色细条，饰以亮丽花边，以勾勒出云纹的流转灵动。这也是土家族具有代表性的女子传统服饰（图3-18）。

此外，女性在春秋季节多穿白衣，外套黑褂，为一种无领、无袖的马甲，色似鸦鹊，称为"鸦鹊装"。它也是土家族最具特色的着装。土家族女性喜在袖口、裤脚口另接一段亲手绣制的各种花草的图案，这不仅能展示女性的才艺，同时又显美观。

图3-17　土家族女服"银钩"（冉博仁提供）　　　　图3-18　湘西土家族绣花式女上衣

二、女裙

长期以来，土家族女子喜穿八幅罗裙。八幅罗裙是土家族最古老的服装（图3-19、图3-20），也是土家族中最具有表征意义的民族服饰，来源于八王传说。传说中的八福罗裙是用红、蓝、黄、青、绿、黑、白、紫共八色的八块长形条布制成，每块彩布的左、右、下三边镶上不同色彩的吊边或镶嵌花边栏杆，块面彩绣龙凤花草衬饰。用白布缝成裙腰，与每块布的一端连接；块与块之间不相接，走动时，八块条布迎风飘扬，色彩斑斓。八幅罗裙在土家族有上千年历史，土家族男女曾经都有穿着，后因改土归流，土家族男子改穿裤装，八幅罗裙便成为土家族传统女性服饰的重要组成部分。

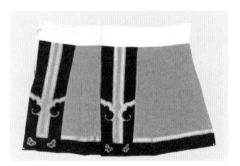

　图3-19　土家族传世八幅罗裙（湘西土家族苗族自治州博物馆藏）图3-20　清代妇女八幅罗裙（长阳土家族自治县博物馆藏）

在之后200年的历史发展与社会变迁过程中，八幅罗裙逐渐从生活着装中退出，只是在土家族傩戏中的梯玛还保留着这样的穿着（图3-21）。目前，湘西土家族苗族自治州民族研究所收藏着一件清末民初的八幅罗裙，地色为素白色，以细黑条布勾棱成八幅，下摆与大幅中下部贴稍宽黑布条。每幅上小下大用数纱工艺绣三组花，前后对称，左右均衡。

整件裙黑白相间，棱角分明，主题突出，庄重朴实，工艺精湛。这与长阳土家族自治县博物馆收藏的一件大红地绣花八幅罗裙在款式造型上几乎如出一辙。1958年，湘西土家族苗族自治州博物馆收藏的一件清代土家族红绫镶青缎边八幅罗裙，通长95厘米，腰围140厘米，下摆宽200厘米。此裙由两大块三部分组成，上为宽10厘米的白色棉布腰，中段为75厘米的大红绸子、打百褶，下为宽10厘米的青缎摆。腰部钉有两组布纽扣，每组三粒。裙身下摆四角挖蝴蝶花，下摆和开衩处贴机织花带，呈如意云纹图案。由于采用青、红绸布与花带镶边组合结构，因而穿在身上看上去有如八幅布料缝制而成，所以称为"八幅罗裙"，实为六幅组成。该八幅罗裙保存基本完好，因年代久远，绸面褪色，并有多处小破孔。

由于土家族长期与苗族、彝族杂居，所以土家族女裙常容易与苗族、彝族女裙相混淆。相较于土家族，苗族的百褶裙裙摆更大，整幅裙可平铺成圆形（图3-22）；而彝族女裙则为横拼，一层比一层褶多（图3-23），与土家裙的条布拼接方向也不同。此外，土家裙与汉族的马面裙（图3-24）相比较，也是不同的，马面裙在两侧打褶，前后平展，前面的平面似长条马脸，故称马面裙（有关土家族女子服装中极具特色的新娘装和露水衣请参见第七、八章）。

图3-21　清代梯玛八福罗裙（长阳土家族自治县博物馆）　图3-22　苗族百褶裙

图 3-23　正在缝制女裙的彝族妇女（源自新华网）　　图 3-24　马面裙（江南大学民间服饰传习馆藏）

三、围裙

　　围裙，俗称"吊把裙"或"妈裙"，是土家族妇女戴在胸前的一种围裙（图
3-25、图3-26）。围裙上为半圆形，下为三角形，从上半圆形及下摆也有一圈
花边，宽约3.33厘米。围裙胸前绣有约五寸见方（16.67平方厘米）的花纹（图
3-27），围带即花带，均为五彩丝线织成，一般66.67厘米长，两头分别留有10
厘米未织花纹。围裙在土家族里有着春夏秋冬都离不开的穿戴习俗，主要用来防
磨损防污，冬天还有保暖的作用，下端与上衣平齐，所以也叫吊把裙。在围裙的
上端缝制有一条带花边的带子，两端连接在围裙布的两个上端，用于将围裙挂在

图 3-25　正在过赶年的重庆酉阳土家族妇女（源自《大渡口报》）　　图 3-26　现代生活中的土家族围裙（2018年2
月摄于恩施州利川市）

脖子上；围裙中间的两端各缝一条带花边的带子，用于将围裙系于身后，使围裙能够更贴身，不至于飘动而影响正常活动。围裙多为日常穿着，但妇女对此却很讲究，往往是用蓝色布料加以白线挑花（图3-28）；也有的在围裙上加一些花边和贴边的装饰。围裙也不一定都是挂在颈上，还有的是与衣身缝在一起（图3-29），这样既好看又多样。作为围裙的又一种穿着方式，不仅实用，即在劳动中保护衣服不受损坏和沾染不易洗去的污渍，而且可以展现女性自身的心灵手巧和聪明才智。因此，日常生活中的土家族女性围裙，主人会精心地绣上自己喜爱的花草、鸳鸯等色彩斑斓的图案，并配以银环带子（土家人称"花草腰带"或"围腰带"）。

图3-27　土家族女子围裙（冉博仁提供）　　图3-28　蓝色围裙　　　　图3-29　围裙与衣身缝在一起的款式

四、女裤

女裤包括宽筒绣花栏杆式长裤、"一二三裤"，这是土家族女性下装主要的穿着款式。

宽筒绣花栏杆式长裤的基本特征是腰宽、裤短，在裤腿上绣（或贴）两至三道花边栏杆（图3-30、图3-31）；女子所穿"一二三裤"的样式和男子相似，只不过是腰身比男人的稍小，颜色比男裤更为丰富，可以有赤、橙、黄、绿、青、蓝、紫等多种颜色，已婚的女子多数穿青、蓝、绿色，而且女裤一般都镶有脚边。

图3-30　土家族女子绣花裤（贵州铜仁）　　　　　图3-31　土家族女子绣花裤（冉博仁提供）

　　透过以上这些款式多样且精美的土家族妇女服饰，我们看到的是一个个勤劳、善良、智慧的女性，她们不单心灵手巧，有着热爱生活的淳朴心境，同时还有着同男人一样豪爽、刚强的个性。有首土家族民歌曾这样歌唱山里女人："山里的女人火辣辣，上山下河好潇洒，头缠长丝帕，紧腰的围裙绣山茶，跳的是摆手舞，唱的是哭嫁歌，吃的是转转饭，喝的灌灌茶……"即是对土家族妇女的真实写照。

第四节　精工挑绣童装有奇趣

　　土家族儿童的服饰，是迄今土家族地区保持民族风格最多的服饰品类。男童多穿对襟衣，前身绣有如意云纹；女童则穿右衽大襟衣，整体风格古朴素洁（图3-32）。童装喜用黑线在白色的棉衣上挑绣各种吉祥纹样，如蝴蝶、金瓜、双凤朝阳、狮子滚绣球、五子登科、鲤鱼跳龙门等纹样，即便是彩线绣花，也多是以淡雅之风为主。湘西地区还有一种孩童云钩衣：上衣对襟、托肩、镶小花边，胸前挖云钩，袖口镶10厘米宽黑底小花边，衣摆四角用十字挑花绣蝴蝶纹，肩头绣十字挑花虎形图纹，意为孩子青云直上，虎虎生威有福气。

　　随着物质生活的逐渐丰富，土家族儿童的服饰也随之丰富多彩，男童上衣多用白棉布做料，用黑线在胸前或背心挑花。女童上衣通常为右衽，男童的为对襟。在下摆四角，男童多挑蝴蝶纹样，女童多挑大虾纹样；男女童的裤脚和膝边均挑花。土家族人往往也会在童装的围裙、围帕上用彩线绣上"双凤朝阳""蝴蝶戏花"（图3-33）、"古宝圈"等花纹，背带上是植物藤花的花边条；也有围帕上挑花，胸前挂着挑花肚围，这与成年人的围腰有些相仿，侧面系着挑花鼻涕巾。❶

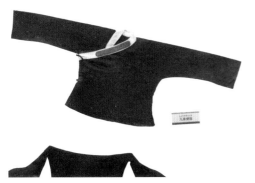

图3-32　儿童便服上衣（恩施州文化中心民俗博物馆藏）

图3-33　土家族蝴蝶戏花纹童装（永顺县老司城博物馆藏）

　　土家族儿童的服装根据不同的年龄段可以分为三个时期。初生至三四岁为第一阶段。幼儿的衣服和裤子一般用花布做成，亦有在素色布上绣花，凸显出孩童们纯真和多姿多彩的童年生活，这个阶段的土家族儿童的服装往往是土家人最重视的。第二阶段是三四岁至七八九岁不等。儿童4岁以后服饰方有男女之别，男孩以素为主（图3-34），女孩以花草纹饰为主。这一时期，土家族男孩女孩的头发样式变化亦非常明显，男孩头顶从天门心至发际留方块发式，俗称塔点儿；女孩则蓄盖盖发式，俗称马桶盖，或蓄满头长发、打小辫，或扎成一把朝天椒，或束成一对羊角角。第三阶段是七八九岁至十四岁。这也是童装向成年服装过渡的时期，一般7岁戴瓜子耳环，也有到12岁才穿耳洞的。穿耳洞的日子一般在农历二月的花朝节。据传说，这天穿耳洞不化脓，因为有花神保护。由于土家人对下一代的成长特别关心和重视，儿童服饰穿着得好坏是土家人不可轻视

图3-34　童装马甲（恩施州文化中心民俗博物馆藏）

---

❶ 高应达，赵幼立，皮坤乾，等. 铜仁土家族的服饰与审美观[J]. 铜仁学院学报，2010（4）：7-12.

的，故而出现"大人穿得差一点可以，但无论如何不能让小孩穿得太差，一般过年都有给小孩缝置新衣服"的习俗。即使现在每逢过年，孩子已有较多的衣服，土家人亦要为其购置新衣服，或送亲朋好友家的小孩新衣服。其中儿童背心的款式造型和纹样变化尤其多样、十分精美，充分体现了母亲对孩子的关爱之情（图3-35～图3-38）。

图3-35 童装马甲展开效果（恩施州文化中心民俗博物馆藏）

图3-36 童装马甲1（张春海工作室藏）

图3-37 童装马甲2（张春海工作室藏）

图3-38 童装马甲3（张春海工作室藏）

围裙是土家族儿童服饰中较为特殊的一种，也称为盖裙。它是在一米见方的黑色土布或绒布上，三面用同样宽的土家织锦条镶饰而成。盖裙一般用作土家族儿童的衣着补充物，是外婆看月时必须送给小外孙的礼物。盖裙不但美观漂亮，而且实用。平时在家里，它是包裹婴儿的襁褓，或覆盖在婴儿的窝窝背笼上（图3-39），从不离身；出门游玩时又可作贴身背负的软背兜，用以保暖、遮光。因此，盖裙成为土家族长期以来儿童服饰中的必备用品。

此外，为了防止小孩磨损和弄脏衣服，土家人常给小孩胸前戴涎兜（图

3-40）。小孩涎兜造型丰富，可以根据不同年龄段的孩子制定尺寸和花型。其制作根据布色配花，以美观为标准，花分十字挑花、彩绣、拼布绣三种。挑花的底布多为绸面，用金丝走边，然后用五彩、七彩线挑出各种花型。一般小孩在节日或到别家作客时，均戴挑花涎兜；平时一般戴绣花涎兜，其底布多为普通土布，边缘用布包缝，俗称滚边，内绣各种花朵，按底色配花；一般农忙季节会给小孩戴拼布涎兜，拼布不用底布，直接用各种布条拼接缝成花面，耐磨、易洗且省工。

图3-39 挖周时用的盖裙

图3-40 儿童涎兜（冉博仁提供）

冬季为了防寒，土家人在小孩学会走路时，会为其缝制披风；夏季为了防暑，则为其缝制兜肚。披风与风帽相连，用带子系于腰部，便于护腰；兜肚为夏季炎热时期专用，即用一块布只将小孩的肚脐盖住。系上兜肚后，孩子可不穿褂、裤。兜肚呈几何形，上端有根带子，系于颈项；中间两边各一根带子，系于腰部，既实用又经济。除此之外，还有诸多种类的童帽，如狗头帽、绣花帽等（图3-41～图3-43）。

图3-41 童帽1

图3-42 童帽2

图3-43 童帽3

由此可见，土家人对童装装束十分讲究，不管是一件涎兜，还是一双粑粑鞋、猫头鞋，都会经过精工挑绣，那一幅幅精致的挑绣品无不释放着母亲对孩子的殷切关怀和怜爱。

第五节　朴实无华硕老却耆德

随着土家族社会的进步，服装的穿着再也不是男女老少同一种样式，特别是在改土归流之后土家族老年人服装与中青年服装已有了很大区别，显现出了人性的关怀和着装的多样性。老年人服装基本上可分为两类：一是生活装，二是老衣。

土家族老年人的生活装在服饰的色彩上多偏重于素色，大多为白色、青色和黑色（图3-44、图3-45），衣袖大而短，整体颜色较中青年服饰更为朴素，常由儿女为其制作。老年男子常穿的服装是长袍，这是受满汉文化的影响而遗存下来的服装。穿棉长袍时，有的在上身再穿一件棉布矮领背褂，头上包缠白布帕子，长约2.67～3.33米，成圈形盘在双耳上方，露头顶，巾端向下留于左边，可将烟袋

图3-44　背着背篓的土家族老人　　　　　　　图3-45　老年风帽

插入头巾中。老年男子所穿长袍，冬天的布料为棉，其他三季为单层或夹层。领子为矮领，斜襟右衽，至腰间转直襟；斜襟钉布扣，直襟无扣或部分有扣，这些扣均为盘扣。袍外缠布腰带，腰带上挂布烟包或牛皮烟包，别竹兜或竹竿铜头烟袋，走路和劳动时将长袍右角掖入腰带，便于腿脚活动。此外，老年男子亦穿青蓝色土布做成的对襟衣（图3-46），外扎半截围腰，围腰上栏杆（花布边）用白色滚边；也有老年男人内穿对襟衣，外罩满襟衣。其中满襟衣为右衽，矮

图3-46　土家族老年装

领，缠腰带，带上插烟袋，青、蓝布大脚口短裤，加白布裤腰。[1] 土家族老年妇女的服装也多为素色，喜穿青蓝布衣，右衽，分为无领和矮立领两类（图3-47、图3-48）。老年男女穿鞋的习惯与中青年人的习惯相似，早期他们在劳作的时候，春夏秋季节多穿用稻草和桐麻编织的偏耳草鞋，冬季时穿满耳草鞋和布筒袜子，在雪天的时候则穿自制的牛皮钉鞋，比较防滑；闲时穿用麻编织的凉草鞋，后来改成布鞋，布鞋的鞋面多用青蓝色，比较朴素简单。

男装　　　　　　　　　　　　　女装

图3-47　土家族老年妇服装（湖南湘西州龙山县）

❶ 彭官章. 土家族文化[M]. 长春：吉林教育出版社，1991.

图3-48　现代土家族老年妇女装（2018年摄于恩施州利川市）

　　土家族老年人服装中还有一种特殊的服装，即老衣，是老年人死后穿着的服装。土家人在步入老年后，就开始准备死后所穿的衣服，有的人在四十多岁便开始准备。土家族老人特别重视老衣的制作（图3-49）。土家人老衣包括：青丝帕一条（2米长）、青色或蓝色对襟长衫、裤子两套、自制棉袜一双、自制老鞋一双。老衣无扣，纯色。男式老鞋圆头、白底、青或蓝色鞋面；女式老鞋尖头、白底、红花鞋面、青色鞋口，鞋面上还可以绣上自己喜爱的花鸟兽草。这种老鞋，制作时针脚稀疏宽大，皆无鞋带，只于后跟处缝一搭襻；鞋底也不加笋壳和浆壳，以保持其松软。❶尽管土家族老年人服装十分朴素简单，但它体现出土家族服装种类之丰富以及服装体系之完备。

图3-49　咸丰裁缝店老衣面料（2018年2月摄于恩施州利川市文斗镇）

❶ 高应达，赵幼立，皮坤乾，等. 铜仁土家族的服饰与审美观[J]. 铜仁学院学报，2010（4）：7-12.

土家族服饰经过数千年的演变，从无到有，从简到繁，逐步完善，从百草衣裙到素布、斑布衣裙和裤鞋。可以说，这些充满民族风情的服饰是土家人的智慧，也是民族服饰的珍品，它凝聚了浓厚的民族特色。2010年上海世博会期间，土家族文化大放异彩。土家族聚居区所在的各省在其活动周中都展示了极富民族特色的土家族文化。世博会开幕式的序幕是在湖北土苗兄妹组合的长阳高腔中拉开的；随后在世博广场演出现场，来凤土家族摆手舞又压轴登场，男女演员身着茅草、藤叶制成的"毛古斯"服装，和着锣鼓音乐，摆手起舞（图3-50）。特别值得一提的是，湖北周的巡游活动中，举牌礼仪小姐一袭土家族传统服装惊艳全场，使土家族服饰更添魅力和人气，从而尽显其绰约风采，无论是个体的服饰还是群体的服饰都述说出了土家族别样的民族风貌（图3-51）。

图3-50　上海世博会上的土家族摆手舞表演

图3-51　1999年发行的民族大团结邮票

第四章
纺布织锦　工精艺美

任何一种服装的形成都离不开物质基础，而服装材料是构成服装的最基本要素。服装材料的工艺技术直接影响着服装的品质，从而人们更为注重对材质的改造和工艺的处理。

在我国许多少数民族地区，尤其是交通闭塞的山区，其传统服饰材料加工制作受到条件的限制，一般都比较原始。他们的服装款式相对比较质朴，服装的裁剪、缝制相对比较简单，而更为注重对面料进行装饰加工处理与运用织染绣等工艺处理方法，使传统服饰呈现出千姿百态、异彩纷呈的装饰工艺效果。精美的装饰是少数民族服饰艺术的灵魂，也形成我国民族服装的一道特有风景。土家族的服饰文化也不例外，在长期的农耕文明生活中，自耕自织的家庭经济，培育出土家人经济实用、勤俭持家的民族传统美德，使他们的服饰文化，不仅具有优秀的纺织技艺，还培育出特有的装饰工艺，造就出具有标志性的土家族织锦艺术。

第一节　绵延久远的纺织技艺

从土家族服装的历史和具有代表性的服装样式上可以看到，土家族服装是运用自己所生产的布匹，通过自纺、自染制作完成的。其纺织工艺程序繁多，从采棉纺线到上机织布，经轧花、弹花、纺线、打线、浆染、沌线、落线、经线、刷线、作综、闯杼、掏综、吊机子、栓布、织布、了机等大大小小几十道工序。土家人生产的布匹质地纯良、结实柔软、耐洗耐穿，具有浓郁的乡土气息和鲜明的

民族特色。元明以后，采用棉纤维织造的布匹，质地更为优良，在土家族服饰中长期使用，经久不衰。这得益于土家民族悠久的纺织历史和优秀的织造技艺（图4-1）。

图4-1　世代相传的土家族纺织技艺（2012年摄于湖南龙山）

一、早期的纺织技术

土家族先民居住的武陵山区，早在旧石器时代、新石器时代就有频繁的人类活动，酉阳笔山坝、龙山里耶溪口、保靖拔茅东洛、花垣茶峒药王洞等十余处新、旧石器时期的文化遗存也充分证实了这一点。土家族先民世居于酉水流域，这一地区的文物考古还证实了土家族先民很早就掌握了原始纺织技术。如2007年这一地域的酉阳笔山坝大溪文化遗址考古现场，出土了新石器时代的许多文物，其中就有不少石纺轮，可以说明在新石器时期，土家族先辈就能够"从树皮上取纤维，纺布以穿着"，可见当时已经有原始纺织业出现，尤其是对粗麻的加工，并且相当普遍。表明这时期，由于一部分土家族先民的织造已摆脱了初级的原始着装形态——舞蹈毛古斯中所表现的穿着稻草、茅草、树叶的时代，即古籍中所记载的凭"淡麻索缕，手经指挂"以完成"纤织之功"的类似编织方式，从此土家族进入了一个去草服布的新阶段。

商周以后，居住于此的土著先民利用野生纤维"葛麻"进行原始"织造"已经相当普遍。很多出土文物都足以说明这一点，如湖南龙山苗儿滩商周文化大遗址中发现了大量的石纺轮、陶纺轮、网坠和骨针等原始织造工具以及彩色刻画纹陶片等物品。特别是在湖南永顺县城南二里许的不二门临河小石林内，有一个南北200米、东西150米、面积3万平方米的商周文化遗址，发现了十六个石洞为古部落的居住点。在一米多厚的文化层里出土了大量陶片、石器、骨角器之类的网坠、骨锥、陶纺轮等物，并有鼎、鬲、豆、罐等多种器物。这些陶片多数印有明显的绳纹，也有少数麻布纹。绳纹每平方厘米约三根经纬，麻布每平方厘米经纬各八根，如同现在的麻袋布，虽比较粗糙，但已基本具有了"布"的雏形。可见，在那个时候，湘西北以及其他地区所居住的土家族先民也都已经掌握了一定的纺织技术，并为以后的发展奠定了坚实的基础。

二、从賨布到溪布

賨布是一种早期以麻为主纤维的服装材料，是武陵"土著"与"賨人"融合后，将巴国相对先进的织造技术与土家族先民的原始织造相结合而形成的一种织物形式，并长期影响着土家民族的纺织技术。在土家族的发展历史上，古代巴人是土家先民之一，賨人是古代巴国的一个部族。据东晋常璩的《华阳国志·巴志》所载，八蛮是巴国八个古部族的合称，"其属有濮、賨、苴、共、奴、獽、夷、蜒之蛮"。所以，史学家为区别于巴人称其为"广义的巴人"。因此，从这个意义而言，秦灭巴以后，巴賨定居于黔中郡，即今天的武陵土家族地区。《后汉书·南蛮西南夷列传》记有"秦昭襄王使白起伐楚，略取蛮夷、始置黔中郡。汉兴，改为武陵（郡）。岁令大人输布一匹，小口二丈，是谓'賨布'"。❶

秦汉至宋代，在土家族的纺织技术中，其所生产的土布尤为出众。不同的品种也有不同的称呼，很多文献和出土文物都留下了关于土布的记载。

2002年6月在龙山里耶战国——秦代古城遗址发现了竹篾、纺织器、棕麻编织物及印有布纹的陶器、瓦砾等物，并在一号井第八层出土的152号秦代简牍中，发现了当地生产大量军服并运送的记载："卅二年四月丙午朔甲寅，少内守是敢言之：廷下御史书举事可为恒程者，洞庭上幕（裙）直（值），书到言。今书已到，敢言之。"（图4-2）据中国社会科学院历史研究所原所长李学勤先生注释：这里所说的"裙"应是一种军服，传送时需用大量人力。因此洞庭郡援引法令，检查此种劳役是否影响人民的农事。可见当时里耶的纺织业十分发达，服装的制作水平极具规模，并成为秦国军服生产的一个基地。

图4-2 里耶秦简博物馆

❶ 李克相. 土家族传统服饰及其文化象征——以沿河土家族自治县及周边地区为例[J]. 南宁职业技术学院学报，2010（2）：23-27.

由于土家人的织布质量上乘，也常常成为进贡和赋税的物品。《后汉书·南蛮西南夷列传》记载，秦汉时廪君蛮"其君长岁出赋二千一十六钱，三岁一出义赋千八百钱。其民户出幏布八丈二尺"。民众交给蛮族君长的赋税称为"賨布"（赋税的布）。进入隋唐年间，南方民族的纺织技术得到了相当程度的发展，在《隋书》中记载"诸蛮多以斑布为饰"。受其影响，土家族先民掌握了汉族先进的染色技术，并织造出斑斓多彩的"土锦"。

至唐宋以后，土家先民织造的"土锦"十分有名，被汉人称之为"溪布"或"峒布"。南宋时期的朱辅对"溪布"进行了一段异常精彩的描绘："绩五色线为之，文采斑斓可观。俗用为被或衣裙，或作巾，故又称峒布。"❶

湘西北"土著"濮人及其后裔僚人，在继野生纤维"葛麻"进行原始"织造"之后，又逐步利用野生树皮纤维织布。宋代《溪蛮丛笑》记载："桑味苦，叶小，分三叉，蚕所不食。仡佬取皮绩布。系之于腰以代机。红纬回环通不过丈余，名圈布。"这里所指的野生树皮纤维是桑科栲属的植物，如桑树、构树等，其皮中均可以析离出供织造用的纤维。经剥皮、锤打、沤泡、析条、缉纱、漂煮等六道工序，可绩成供织布的树皮纤维般的"纱"。再用类似水平式踞织腰机的织造方法，得到一种"经锦"，一种有红白两色相间的原始意义上的织锦——"圈布"，这种"圈布"就是从"布"向"锦"发展过渡的关键点。这种类似水平式踞织腰机的"经锦"织造方法，在五溪等部分偏僻地区一直延续到宋元以后。❷

清代乾隆《永顺府志·物产志》载："（又）棉花，所产可给本境织成布，皆粗厚。汉时令蛮输賨布，大人一匹，小儿二丈。宋朝时辰之诸蛮与保靖、南渭、永顺三州接壤，岁贡溪布，即此类。"由于当时土家人所织的布十分有名，所以秦汉以来土家人都将织好的布料作为租赋的替代物。每每进贡溪布，土家人都可以获得朝廷回赐的丝织品、衣冠、器币等。在汉人与少数民族的交流中互通有无，其文化得到了进一步交融。从秦汉时期的"賨布"到宋朝的"溪布"，都具有这样的功能。

❶ 王平. 论土家族服饰的文化内涵[J]. 湖北民族学院学报（哲学社会科学版），2009（3）：19-22.

❷ 田明. 土家织锦[M]. 北京：学苑出版社，2008：9.

长期以来，土家族所织造的布匹，在历史上曾有过不同的称谓，由此可以看出当时土家族使用的服饰材料已经非常广泛，用途也很多样。表明了土家族在服装面料的生产中始终都保持着较好的品质，并且成为进贡的佳品。

三、蚕丝的利用

土家族自古就是一个勤劳智慧的民族。在土家族纺织的历史上，除了以上我们看到的对麻棉材料的织造和使用外，他们同时也学会了利用蚕丝原料来进行服装材料的制作。

据有关史料记载，土家族先民利用桑蚕技术的历史也可以追溯到商周前后。东晋《华阳国志·巴志》中有关于夏禹王会盟各方诸侯时的记载"（禹）会诸侯于会稽，执玉帛者万国，巴蜀往焉"，可见当时巴和蜀的首领都去了，并敬献了丝织品"帛"。在当时，蜀的织造水平相当不错。"蜀"即蚕的象形字，很早"蚕丛氏"就以野蚕抽丝织帛。而巴竟敢与蜀一同献帛，说明巴当时的织造水平也达到了一定的程度。上书又载，"武王既克殷，以其宗姬封于巴，爵之以子……其地东至鱼复（今奉节），西至僰道（今宜宾），北接汉中，南极黔、涪。（今乌江流域、赤水河流域）土植五谷，牲具六畜，桑、蚕、麻、纻……皆纳贡之"，可见古代巴人的织造水平之高。古代巴蜀人不但精通农业生产，蚕桑技术也颇为高超，可作为贡品为皇家所重视。

及至晚唐时期，土家族先民的桑蚕业持续发展。在五代后晋天福五年（940年）湘西永顺著名的"溪州铜柱"上就刻有"拼桑"的记载："剽掠耕桑""尔宜无扰耕桑""克保耕桑之业"等。然而，明清以前的五溪地区，真正地道的"桑蚕"还不是很普及，民间的养蚕大多只是一种野生的柘蚕。关于柘蚕，《新唐书》卷二百二十二之《列传》第一百四十七的《南蛮·南诏》上记有，"食蚕以柘，蚕生阅二旬而茧，织锦缣精致""南诏……本哀牢夷后，乌蛮别种也"。显然，土家族先民作为哀牢夷、乌蛮别种的后裔，利用柘蚕成丝而织物就不足为奇了。宋人朱辅在《溪蛮丛笑》中对五溪一带的"养蚕"也有这样的描述："蚕事少桑多柘茧，薄小不可缲，可缉为绅（绸）"。柘为桑科植物，柘蚕原多为野生放养，在放养过程中，需要防鸟啄、虫食、菌害，待柘蚕结茧后就从树上直接采取。后来逐渐也有在家中喂养的，俗称"土种"。

中华人民共和国成立前后湘西一带的土家村寨仍有放养和喂养柘蚕的习惯。这种柘蚕与桑蚕类似，只是所产的茧薄小，丝却比桑蚕丝粗，并且丝的表面不如桑蚕丝光滑，但比桑蚕丝坚韧且更富有弹性。不过柘蚕茧缫出的丝断头太多，民间只能缫成较粗的丝头子，故不便织造绸缎之类的精细纺织品。正因为如此，用柘蚕的丝头子织造成相对粗犷厚实的土家织锦，不仅坚实耐用，而且利用柘蚕丝天然色系、彩色沉着、越洗越亮的特质，可以形成土锦的一种特色。现在所见的遗存下来的土家织锦精品中，大多都是这类粗柘蚕丝头或桑蚕丝头染色后成为纬线与棉麻所混织的。❶

土家族地区养蚕缫丝业直到20世纪仍在持续。1912年，贵州思南府知府张顺亲为政三年中，曾大力提倡栽桑养蚕，发放桑苗至间，每户植桑5~10株，成活一株奖铜钱5枚，栽死者加以处罚。当年所栽的桑树，至今还有零星残存，树干胸围约1米以上。1916年，熊其光任思南县知事时，曾设蚕桑馆，在城郊校场坝栽桑270亩，约6万株。抗日战争前，仅思南城内就有丝线匠20余人。新中国成立后，乌江沿岸人民栽桑养蚕更是蔚然成风。蚕桑、棉花的大力生产，推动了土家族纺织、服饰工艺的发展。通过缫丝、加工成丝线、头帕、织锦，除本地市场销售外，还远售省内外，获利甚厚。❷

以上情况表明，土家人纺织而成的各种优良服饰面料并没有在土家人自己所穿戴的服饰中得到大面积使用，而自己使用的则是自纺、自织、自染的土布。这与土家族的地理环境，以及当时的赋税和社会形态有极大的关系。由此不难理解，因为社会生产力水平的制约，土家人的产出十分有限，但在高额赋税面前，土家人将最好的服饰材料进贡给了统治阶级，而自己却节衣俭服。在长期的社会发展历程中，土家人并没有放弃对纺织技艺的追求，无论是早期的纺织技术，还是先秦时期的"赍布"、唐宋时期的"溪布"以及对桑蚕材料的利用，都显示出土家民族勤劳智慧的民族个性，并在长期的实践中造就了民间艺术的一朵奇葩——土家织锦，使他们质朴的纺织服饰材料更显光彩。

❶ 田明. 土家织锦[M]. 北京：学苑出版社，2008：16.

❷ 田永红. 黔东北土家族服饰文化[J]. 贵州民族学院学报（社会科学版），1991（3）：80-85.

第二节　用智慧浇灌的经纬之花——土锦

　　土家织锦（简称土锦）作为土家族的标志，是土家族文化的载体，也是土家族服饰文化的重要内容，它来源于土家族悠久的服饰历史，从土家族服饰工艺中发展而来，两者共同构筑出土家族悠久灿烂的纺织服饰文化。土家织锦是土家族的骄傲，它是土家族妇女们在生产生活中，以集体的形式创造出来的智慧和技艺的结晶（图4-3），是民族传统文化的精髓所在，受到土家本民族人民的重视和珍爱。可以说土家织锦是代表着土家族传统历史、民俗、生产生活等多方面的最为直观的文化符号。

图4-3　民间艺术奇葩——土家织锦

　　土家织锦（也称土家彩织）主要包括两大品类，土家铺盖（也称西兰卡普）与土家花带。西兰卡普，属于土家语称谓，俗语称其为"打花铺盖"（图4-4），主要是指床上用品。土家语中"西兰"是被子铺盖，"卡普"是花的意思，近代以来常把土家织锦统称为西兰卡普（图4-5）。土家花带，主要用于服饰中的背带、腰带、裙带等。

图4-4 土家铺盖西兰卡普（唐克立提供）　图4-5 生活中的土家织锦（2012年摄于恩施土家族苗族自治州博物馆）

　　土家族是一个有语言而无文字的民族，土家织锦工艺的传承从某种意义上代替了土家族文字。它记载了土家族人的民俗内涵、民俗文化和精神生活，这一点从"西兰卡普"名称本身就可以体现。西兰卡普的传说是一个美丽的故事。相传很久以前有一位聪明漂亮的土家族姑娘西兰，卡普是她织的花布。她在织锦上将人间所有的花儿都织完了，唯独没有织出一种"寅时开花卯时谢"的白果花。为了白果花，她只有独自一人半夜去山里采摘，却遭到她嫂嫂的嫉妒，背地里说西兰品行不正。就在一个月明之夜，突然白果花开放了，西兰摘下一朵，对花私语。此时其长兄酒醉回家，偏听谗言，火冒三丈，顺手拿起捶衣棒，直奔后山将西兰打死在白果树下。酒醒之后，长兄懊悔不已，见西兰变成一只鸟雀，叫着"哥哥苦，哥哥把我错杀"，飞翔在堂前屋后，久久不肯离去。这种小鸟在民间叫阳雀，被本民族的人们视为吉祥之鸟。每当第二年春回大地，清晨时分，常常能听到阳雀清脆悦耳的啼声传遍村寨与山林，因而一直都有"阳雀催春"的寓意。在土家织锦阳雀花纹样中，形态优美而造型独特的鸟形纹就是由它变形而来（图4-6）。这一凄美的故

图4-6 土家织锦阳雀花纹样

事使土家织锦更增添了几分传奇的魅力。土家族人为了纪念冤死的西兰，从此把百花铺盖以她的名字"西兰卡普"命名，这种织锦的工艺也慢慢地被土家族的妇女们传承下来。

土家人在相对闭塞的环境下，为了美化自己的生活而使用简单的加工工具，以朴素的织造工艺，依靠口授心记，将集体智慧与个体创造相结合，沿用古代斜织机的腰机式织法，把经线拴在腰上，以观背面，织出正面，创造出了土家织锦。土家织锦从普通的布发展到精美的彩锦，经历了一个漫长的历史"进化"过程。它的技艺发展是从简单到复杂、低级到高级，即从数纱到织锦，从"对斜"平纹素色织锦到"上下斜"斜纹彩色织锦的过程。

土家织锦的制作工艺过程繁杂，主要表现在"打花"与"牵花"上。"打花"是土家族妇女对编织土锦过程的一个行语词。"牵花"则是编织土锦前所有准备工作流程的总称。当地流传一句俗语："打花容易，牵花难。"难字主要体现在整个工艺流程上。"牵花"要比"打花"难，而且"牵花"还是"打花"的关键。织锦的工艺流程主要有纺捻线、染色、倒线（图4-7）、牵线、装箱、滚线（图4-8）、捡综、翻篙、捡花、捆杆上机、织布边、挑织（图4-9、图4-10）十二道工序。工艺流程严谨独特，保持经线在锦面不间断，而纬线则根据花色要求进行自由变换，形成独具特色的工艺技术和机器所不能达到的工艺状态。其工艺特点主要表现在这两个方面。❶

图4-7　织锦工序——**倒线**

图4-8　织锦工序——**滚线**

❶ 田明. 土家织锦[M]. 北京：学苑出版社，2008：64—68.

图4-9 织锦工序——挑织　　　　　　　　　　　　图4-10 正在挑织的土家族女子

　　土家织锦多以深色为经（站）线，以五彩丝、棉为起花纬线，反面挑织而成。西兰卡普的织造是通过传统织机、挑花刀来完成的，在织造工艺上，挖花工艺全称为"通经暗纬，断纬挖花"工艺。这种特有的工艺可以让织物的图纹和色彩都不受限制，有较大的自由度，随机性很强（图4-11、图4-12）。土家织锦的另外一个工艺特点是不同织物组织间的相互转换。"对斜"平纹和"上下斜"斜纹是两种不同的组织结构，织造手法也各不相同。但两者之间可以相互转换，表现力也很强，传统的"桌子花""椅子花"等图纹（图4-13、图4-14）运用此方法较多。

图4-11 土家织锦岩墙花纹样　图4-12 土家织锦金勾莲纹样　图4-13 土家织锦桌子花纹样　图4-14 土家织锦椅子花纹样

正因为土家织锦经纬线的处理方法与众不同，所以传统的土家织锦只适合表现相对抽象的形，并在长期的艺术实践中形成一种程式化风格。从而也使织锦的图案造型具有色彩丰富，层次众多，效果抽象粗犷，风格古朴精细等特点。土家织锦中织造土家花被的工艺比较复杂，工序也很繁多，并且都是由手工操作完成，织造中不仅有系统的程序性，也有人为因素的偶然性。而土家织锦中另一品类的花带则有素色和彩色两种，但以黑（蓝）白素花为主，一般宽者约6.67厘米，窄的一指左右，短约尺许，长有数丈。其织造工艺方法及图案的组织原理与西兰卡普大同小异，具有共性。因土家织花带的工具极其原始而简单，主要挑花工具甚至可与西兰卡普共用，且不受场地、时间的限制，因此学习织花带往往成为学习西兰卡普的基础。土家花带是土家织锦中普及面最广的一个小品种，可以在织造者的双膝间完成，是织造工艺中最简单但最古老的方式之一。

从土家织锦的织造过程来看，它的技艺之美体现在选取材料的相宜程度上，织锦的材料主要选取的是染色的丝、棉线。清嘉庆《龙山县志·风俗》记曰："土妇善织锦。裙被之属，或经纬皆丝，或丝经棉纬，挑刺花纹，斑斓五色……"讲的就是土锦编织的材料。从土家织锦的质地角度而言，材料搭配起来的质感是完全符合土家织锦进行织造的条件的。从材料加以组合的角度进行分析，经和纬的不同向度也会使得棉和丝从材料的韧性、易操作性及易观赏性的相互比较中找到可调和的关联性。一般情况下，花纬采用的是五彩的丝、棉；而丝和棉在土家织锦中最常见的组合是彩色红线和单色棉线（图4-15）。

图4-15 丝经棉纬织造

从织造者一方来看，织造的过程有着非常强的不可间断的连续性，但在具体的织造过程中也会出现一些偶然情况，若事先没有准备好图案纹样的蓝本，仅仅靠记忆和经验去进行织造，那么织出来的效果是各不相同的，靠的是临时发挥。即使是织同一件作品，不同的织造者织的作品也不会完全一样。这就是手工生产的魅力所在，通过人对手的支配，更能表现出情感的传达，以满足使用者的精神需求。土家织锦这种独有的织造技术成就了它作为少数民族四大名锦之一的辉煌。

总之，从土家族服饰工艺的文化生态和复杂的工艺流程可知，土家族的纺织技术十分严谨，工序复杂，工具传统，全手工操作。而且这种手艺不是单独个人的随意创造，而是土家族妇女集体智慧的结晶（图4-16）。土家织锦的制造者主要是由土家族妇女来担任的，正是由于她们的心灵手巧才成就了土家织锦，土家织锦也成为土家妇女生活方式的一部分。

图4-16　土家织锦是土家族妇女集体智慧的结晶

第三节　独具匠心的女红才艺

"吊脚楼里的女人，用银亮的牛角梭，把每一枚日子织成一挂飞瀑，把每一段思念编成一匹缱绻。灵巧的双手，丝经棉纬，将日月山川、花鸟鱼虫、水车磨盘……或扎或挑，梦魅般地幻化为诗画：翠鸟儿站在枝头唧啾，海棠花儿凝露吐蕊，柳条儿摆弄窈窕柔美……"这是一首盛赞土家女儿的颂歌。它生动地表现了土家族妇女用自己灵巧的双手创作出独具匠心的女红艺术（图4-17）。所谓女红，是指女性所做的纺织、缝纫、刺绣、染整等工作和这些工作的成品。在我国的传统艺术中，它属于中国民间艺术的一部分。由于女红技艺更多地用于服饰，因此也可以称之为服饰文化中的装饰工艺。

图4-17　土家族女红文化

在少数民族服饰中，装饰工艺尤为突出且极具个性，精美的装饰是少数民族服饰艺术的灵魂，它也是民族服饰文化中的重要内容。在历史发展的长河中，土家族立足于自己的生活环境与生产方式，充分利用自然物质条件和生产力发展，表达民族的共同信仰与文化意蕴，创造了集织锦、挑花、刺绣、扎染、蜡染等女红艺术为一体的、具有鲜明民族特色与民族文化特征的土家族服饰文化。

在我国的纺织历史中，麻纤维是最古老的服装用原料，也是土家族服饰的主要原材料。除了麻，土家人还使用丝、棉纤维；养蚕技术在土家族生活的地区也较为成熟。丝纤维可染成各种鲜艳的色彩，运用当地的染整技术，采集天然染料，自织布匹加工而成。有关古籍中常提到"土人能纺善织，且树桑饲蚕、植麻种棉皆有术，素以服色斑斓而著称"，说明了土家族妇女很早就擅长纺织并且代代相传。在唐宋时代，更有"女勤于织，户有机杼"的记载，表现了妇女纺织的繁忙景象。没有土家族妇女的辛劳付出，就没有丰富多彩的土家族服饰。土家族妇女的女红技艺是从小就开始熏陶和培养的。

心灵手巧反映在土家族少女身上，她将影响和伴随少女的一生。以前居住在武陵地区的土家族姑娘们，从十一二岁起便开始学习做鞋、挑花刺绣，然后学习彩织，为结婚和在婆家生活做好准备。这些女红作品是在结婚时品评土家族少女心灵手巧的关键，同时也决定着结婚以后在婆家地位的高低。❶在许多织造土家织锦的地区，这种习俗表现得更为突出。甚至有过"姑娘不会打花，就嫁不出去"的说法。土家族姑娘出嫁时一定要陪送西兰卡普。姑娘在出嫁前要织出约10～20块被面，而纺织的最后一块西兰卡普是姑娘的贴身饰物，编织得极为认真，那上面凝结了土家族姑娘的全部心血，编织的是姑娘心目中的图画。

除了织锦纺布以外，土家族妇女还擅长在服装上进行挑花、牵花、刺绣等装饰工艺。她们在茶余饭后随时可拿出裁好的布片，针挑线走。挑花是挑绣的一种，亦指刺绣的一种针法技艺，在民间也叫架花或十字绣花，是中国民间传统手工艺，在土家族地区常把挑花称之为数纱。当地妇女多以深色土布为底，用素线和彩线在底布经纬相交处，以十字交点法挑制图案，颜色对比强烈，线脚繁密，在构图中，运用空间交换，体现出律动感觉，采用不换形而换色的方法，使呆板的、单一连续的纹样丰富起来，表现出一种质朴的审美情趣（图4-18、图4-19）。土家族的姑娘生长在古朴清新而闭塞的山寨，深居简出，受着传统的民族文化和特定的自然风光的熏陶，从小就有摘戴山花和"玩针线"的爱好，跟随母亲或姑姑、姐姐渐渐学会了一套飞针走线的好手艺。凭着她们一双灵巧的手，在帽檐、衣裤、鞋、背带、褙褴、围腰等服装上一针一线地挑出花、树、虫、鸟等动植物图案；后来发展到人物、文字、走兽等更复杂的图形，如狮子滚绣球、双凤穿牡丹、鱼龙戏珠、众人迎亲等。这些图案，讲究对称，空间层次和动感，花色艳丽，美观大方（图4-20～图4-22）。特别是服饰上挑出的花边，花纹精美，色彩鲜明，线

❶ 金晖. 从土家族服饰探讨其民族朴素的审美追求[J]. 大众文艺（理论），2008（7）：101-102.

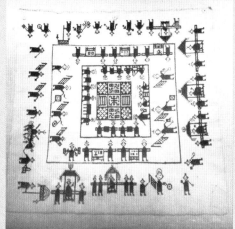

图4-18 土家族挑花技艺之素挑（恩施土家族苗族自治州博物馆藏）

图4-19 土家族挑花技艺之彩挑（恩施土家族苗族自治州博物馆藏）

图4-20 土家族四喜莲花纹枕巾（张春海工作室藏）　　　图4-21 土家族缠枝莲花纹方巾　　图4-22 土家族连心锁纹方巾
　　　　　　　　　　　　　　　　　　　　　　　　　　（张春海工作室藏）　　　　（张春海工作室藏）

条精细，构图富于想象，有独特的民族风格和浓郁的生活气息。挑花作为土家族服饰上最主要的装饰工艺，应用十分广泛，除了服装鞋帽以外，在土家族的床罩帐檐、门窗布帘、荷包香袋、丝绵恫巾（图4-23、图4-24）中，随处可见其神韵风采。透过这些工艺精细、色彩鲜明、具有浓厚民族特色的服装服饰，可以看到土家族审美追求的延伸。

图4-23　土家族婚嫁长巾

图4-24　土家族帐檐

刺绣也是土家族服装中常用的装饰工艺，具有独特的风格和技巧。如土家族妇女衣裳上绣有的精美花边，还在自己的围裙上绣各种花草等。此外在床单、帐帘、枕头、帕子、袋子上都有这类美观大方的刺绣纹饰（图4-25～图4-27）。土家族有这样一首抒情歌："白布帕子四只角，四只角上绣雁鹅。帕子烂了雁鹅在，不看人才看手脚。"可见土家族姑娘非常擅长刺绣。这类女红艺术品图案新颖、花纹精美、色彩鲜明、线条清晰，充分表现出土家族人的创造能力。爱美的天性也促使土家族妇女尽情地打扮自己甚至不放过一双鞋。一旦土家族妇女学会了制鞋，便把衣裙中的挑花绣朵运用于鞋面，做出各种精美的鞋，除了在鞋口滚边挑"狗牙齿"外，鞋面还多用青、蓝、粉红色绸缎，鞋头的上面好用五色线绣上花草、蝴蝶或蜜蜂等草虫图案，鞋尖细小上翘，反映出土家族妇女心灵手巧的特点（图4-28）。妇女们还会在男人们的服装上绣民族图腾纹样以及各种点缀性的装饰图案，在一针一线中浸透着她们内心真挚的情感。

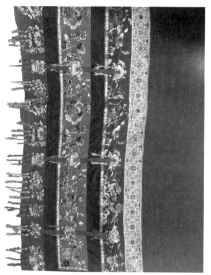

图4-25　土家族喜帐

图4-26　土家族民间刺绣袋局部

图4-27　土家族民间刺绣枕头套（冉博仁提供）

图4-28　土家族绣花鞋（恩施土家族苗族自治州博物馆藏）

此外，土家族妇女还将自己的母爱之情表现在儿童的服饰上。她们会按照不同的年龄、不同的季节制作不同样式的儿童帽饰（图4-29），有的小孩所戴的帽子还用五色丝线缀上银质的"长命富贵""富贵双全""福禄寿喜"等赋有寓意的文字装饰，也有的采用在帽上绣缀银质的祈福人物图案。土家族服饰注重刺绣的表现，不仅仅是表现美的装饰，还传递了土家人对美好生活的寄托，常以象征、谐音、寓意的手法表现着对理想的憧憬和对情感的抒发（图4-30）。土家族的民族刺绣，千百年来，历经无数民间艺人以及一代代土家女儿的不断传承创新，已臻完美。

图4-29　民间刺绣儿童虎头帽（冉博仁提供）　　　　图4-30　土家族民间刺绣背褂（冉博仁提供）

传统的土家族服饰素有"斑斓衣"之称，这些多彩的服饰得益于土家人所掌握的娴熟的染色技术。长期以来，土家族传统纺织纱线上色的染料，也基本是土家人自产自用，多取于本地山林生长的植物。为了充分运用自然环境中的天然材料，经过长期的实践，土家族已积累了提取不同色彩的方法。例如，常用的有红花、紫苏叶、苋菜、姜黄、桑叶果、栀子、蓝靛、乌梅、五倍子、土红花等植物花叶，经熬制成汁后制成天然染料，通常根据需要染制材料的多少来决定染料的比例。红色：选用土红花做主要原料，采摘红花、茜草、狗屎泡的根熬制而成；玫瑰红：以苋菜为主要原料熬制；黑色：采摘五倍子、马桑树、板栗壳为主要原料熬制；黄色和金黄色：采摘紫苏叶熬制，也可用黄栀子、姜黄为主要原料熬制而成，再根据熬制的汁水的浓度定色彩，浓汁可染金黄色，淡汁可染黄色；紫色：以乌梅为主要原料熬制；蓝色：采用"土靛"为主要原料熬制。土靛也称"蓝靛""靛青"，土靛是土家族地区有名的土特产之一，土家人在田隙地里种植它来染布，清新绚丽，艳而不俗，颜色经久不退。这也造就了蓝、青、黑成为土家族服装上最基础的颜色。

由于掌握了天然染色的技艺，土家族有些地区还出现了扎染和蜡染的装饰工艺。扎染，多以棉白布或棉麻混纺的白布为原料，用针线缝合缠扎成各式图案，放入蓝靛液体中，反复浸染，然后漂洗，在拆去线扎缝合处后，便现出蓝底白花的图案来。扎染取材广泛，或自然风物，或苍山云海，或神灵传说，或英雄人物，陆离纷呈，妙趣横生。由于花纹边界受染料浸润，图案有一种自然晕纹，凝重素雅，犹梦似幻，朴拙而美丽。蜡染与扎染有近似之处，不同的是，蜡染以蜡刀构图，使着蜡处不被染色而成空白花纹。

长期以来土家族社会妇女具有一定的地位，但作为自然的生物体，社会化始终贯穿于她们的一生，她们需要在不同的人生阶段扮演不同的社会角色，最终都会以社会所需要的模式走完自己的人生历程。由于土家人生活在地理环境相对严峻的武陵山区，这里山高林密，土地贫瘠。为了生存的需要，土家族妇女必须像男人一样在大山深处劳作奔波。在土家族聚居的湖南永顺县流传着这样一句民间谚语："颗砂的米，龙家寨的女。"所以土家族的女人最能吃苦耐劳，她们不仅勤劳勇敢，更是将纺织挑绣等女红劳作当作自己的一份天职，把织绣看成是女性应学会和掌握的基本技艺。她们将自己的理想、情感、期望等寄托于女性特有的纺织、挑花、刺绣、蜡（扎）染、织锦等服饰的装饰工艺之中，从而形成了丰富多彩的女红文化。当一种习俗日华月晕、雾罩云遮时，当一种念头进入心灵潜滋暗长、盘根错节时，土家族女子便理所当然地视织绣为事业而倾注心力了。就这样，土家族女人靠着一双传承千古的巧手和一颗七窍玲珑的心，把古老的织绣装饰工艺培育得花团锦簇、硕果累累。

　　土家族服饰的材料及装饰工艺多种多样、异彩纷呈，它们的运用和发展，与本民族服饰的民族审美意识和民族经济发展相关。土家族原始先民通过草蔓、树皮、野兽皮毛简单加工制作成衣，以御寒护身。后来学会以麻织就"兰干细布"，彩绣如绫锦，经历了漫长的过程。材料的更新替代，纺织及装饰工艺的不断丰富，始终以审美信息传达为中心并为其服务，服装上的款式、色彩、纹样、材质及装饰工艺所构成的艺术语言便形成了本民族所特有的服饰文化。它与民族习俗、民族传统、民族意识等相互交织、渗透、聚积，促进并形成了富有本民族特色的民族文化体系。

第五章 尚黑喜红 异彩纷呈

色彩是服饰中最敏感的要素，每个民族的服饰所崇尚的色彩都是此民族精神构成的重要内容之一。从色彩学原理来看，色彩是民族服饰视觉情感语义传达的一个重要元素，不同的色彩，性格也不同。因为通过视觉感官被人们认识，从而产生的心理反应和视觉效果也不尽相同。世界上各民族的服饰绚丽多彩，从服饰色彩中可以显示出极其鲜明的民族个性（图5-1）。在我国，朝鲜族服饰崇尚洁白，彝族服饰崇尚黑色，藏族喜爱土红和蓝靛之色，蒙古族喜欢天蓝和洁白，白族酷爱亮丽之色，回族偏爱绿色，可谓千差万别，不可胜数。

那么，土家族服饰崇尚什么颜色呢？我们从有限的资料中可以看出，土家族服饰色彩的形成和表达，在很大程度上受独特的人文意识的渗透和民族习俗的影响。土家族服饰文化最突出的特点是重喜色、尚黑色、多彩色。土家族男子的日常服装常以青、蓝、白三色为主色调，表达一种质朴浑厚、洁净爽朗、简朴素净的自然之美；女子服装色彩丰富，在使用面积、色彩冷暖与肌理纹饰等方面，既形成强烈的艺术对比，又协调统一，体现出土家族服饰独特的民族个性。

图5-1　土苗杂居中的土家族服装

第一节　多彩的交响曲

土家族长期居住在深山峻岭之中，对自然界的色彩尤为钟爱，因而把自然界的颜色作为自己的文化元素用于日常生活当中，在他们的服饰上便呈现出多彩色。同时，土家族传统服饰色彩也表现了土家族质朴的审美意识和族源史。

有关文献中也多有土家族服饰色彩斑斓的记载。最早见于汉代的《后汉书·南蛮西南夷列传》中载："织绩木皮，染以草实，好五色衣服……衣裳斑斓，语言侏离。"明代正德年间《永顺宣慰司志》称，（土民）"男女垂髻，短衣跣足，以布勒额，喜斑斓色服"。清代同治年间《来凤县志》称，土家族男女"以布勒额，喜斑斓服色"，光绪年间《龙山县志》中有"绩五色线为主，文彩斑斓可观"的记载，永顺、龙山的县志记载："土家人古时服饰男女不分，上衣下裙，颜色斑烂。"从这些记载中可以看出，尽管土家族服饰在当时极为简陋，至跣足（光着脚），然而他们服装上的颜色却是多姿多彩的。这里的"斑烂"即指"斑斓"，说的是颜色花纹艳丽多姿，而"五色线"在通常情况只是一种泛指，即多种颜色的意思。❶

一、关于"八"的传说

在土家族语言中亦有关于颜色的记载与传承，如清光绪版《古丈坪厅志》就记录了土家族语言的六种颜色：红（米纳节，土家语，下同）、蓝（信来）、黄（黄）、青（浪夹）、绿（绿）、白（阿使）。而本民族把"红、蓝、黄、青、绿、黑、白、紫"作为土家族服饰的主要色彩，是土家族的历史认同和民族意识的表达。"红、蓝、黄、青、绿、黑、白、紫"八种颜色在土家族历史文化中有两种不同的传说，并且都与"八"有着不可分割的联系。

"八女说"是讲八种颜色也许是土家族祖先的象征，分别代表八个女儿。在土家语古歌《雍尼补所尼》中，讲述了一个老太婆生下八个女儿，都靠"喝虎奶龙涎长大"，这与土家族的祖先因喝虎奶长大的许多民间传说一脉相承。八种颜色

---

❶ 田明. 土家织锦[M]. 北京：学苑出版社，2008：17.

就分别代表老太婆的八个女儿。在酉水支流捞车河的上游，今湖南龙山县干溪乡白拉寨，梯玛做"三月堂"时，所敬的土家族祖先，他们的名字分别是煞朝河舍、西梯老、西呵佬、里都、苏都、那乌米、拢此也所也冲、接也会也那飞列也。在贵州沿河地区，以前都信奉多子多福，如果哪家有了七个儿子或女儿，就要千方百计去抱养一个凑满八个，如果哪家有八个孩子，则是最让人羡慕的。这也许就是八女祖先文化的影响。

"八王说"是讲在贵州沿河地区土家族傩戏中土老司的八幅罗裙，其上的"红、蓝、黄、青、绿、黑、白、紫"八色分别代表了八部大王。民间传说是为了纪念八个部落联手战胜官兵之后，各献一块彩布做成的战裙，大首领穿上能调动八个部落打胜仗，也标志着八个部落紧密团结。因而土家族在服饰上采用八种主要颜色，实际上就是在敬奉土家族祖先。土家族部落首领八部大神的神像上身为素色短衣，下身为八幅罗裙。八幅罗裙由八幅打花土布做成四十八勾图案，土家语称它为"莎士格"。土家梯玛做法事时穿的八幅罗裙用赤、橙、黄、绿、青、蓝、紫、白八色的八幅布料做成。而普通土家族妇女服饰布料颜色则是以红、蓝、青、黑、白、灰等为主，或以其一为主，其他色布相间拼成，或各种色布缀镶成斑斓。在彩绣花纹图案中的色彩构图为绿、红、黄或为黄、绿、红，这种形同色异、不换形而换色的色彩组合方法，使得呆板的、单一连续的纹样丰富起来，艳丽多姿，给人以美的享受。

土家族服饰的八种颜色中，红、黄具有温暖、热烈、积极的感觉，反映了土家族人民乐观、积极、热情、浓烈的精神风貌与情感；蓝、青、绿、黑、白、紫有寒冷、沉静、后退和纯净的感觉，反映了土家族所处环境的恶劣，但历经磨难后的坚毅冷静，以及敬畏和顺应自然、天地鬼神的豁达与真诚不做作、热烈不冷漠、纯洁不虚伪的性格特征（图5-2）。在这八种颜色中土家人尤为钟爱红、白、黑，并将其凝练成土家族服饰中标志性的色彩（图5-3）。

图5-2 湖北鹤峰槽门寨子（源自恩施新闻网）　　　　　　　　　　　　　　图5-3 摆手舞中的土家族服饰

二、吉喜的红色

在土家人的心目中、繁多的色彩里，有着热烈、鲜艳、醒目与祥和之感的红色最受人青睐，因此有色必有红。久而久之，在服饰上形成了无红不成喜、有喜必有红的风俗，喜事又被称为红事。

土家人的生活中红色随处可见。土家人在服饰上喜爱红色，最初源于一种宗教意识（图5-4）。红色信俗更是丰富多彩，自然界中最常见的、也和人们生活息息相关的红色是火光和阳光的象征。阳光给人温暖祥和之感，同时也是万物生长必不可少的条件。它是太阳的象征、热量的源泉，是温暖的意象，是神的代表，是虔诚的象征，反映了土家人吉祥喜庆、求吉祈安、祛灾避邪的祈福心理。红色还是火的象征，是土家族生活历史的标志。土家族《创世歌》中说，土家先民在小鸟的帮助下找到了火源，使土家先民实现由生食到熟食的飞跃。土家族感念火的恩典，向往火的温暖，因而在服饰上使用红色也就不足为奇了。火可

图5-4 吉祥喜庆的土家族女服（2014年摄于恩施）

以供人取暖，还可以用来烧烤食物，也能吓跑各种凶猛的飞禽走兽。在贵州沿河地区土家族，逢喜必红，红色成为生活中的主色调，衣服是红色调、房子是红板壁、贴的是红对联、挂的是红灯笼。说哪家生意事业昌盛，叫"红火"；说哪个人得势，叫"红人"；把媒婆称为"红娘"，因为她牵的是男女之间的"红线"；就连谁的头上出血了，也要说成谁"挂红了""脑壳红了"，等等。

土家族是"多神信鬼"的民族。《遵生八笺》记，"画桃符以厌鬼"，所以，"红贿鬼、黄避虫"。为何红能贿鬼？据相关史料记载，这与土家族最初的"人祭"有关。《后汉书·南蛮西南夷列传》记："廪君死，魂魄世为白虎。巴氏以虎饮人血，遂以人祠焉。"先是杀人"祠焉"，后屠畜祭之，再后以破"红"代祭。贵州沿河土家族祭祀神树、神石，就以红丝带悬挂代表血贿。直至20世纪中叶，在该地区仍有流传9月18日天上的观世音菩萨要收13岁以下的小孩去天上垫喜鹊桥的说法，但如果谁左手佩戴红布条，即可免上天，所以一时间出现了家家小孩戴红挂彩的现象。因此，古时候的土家人以为红色表吉祥，可以避凶驱邪，生活中也常常可以看到土家族少女扎红头绳、穿红布鞋，这都是辟邪消灾的表现。

关于红色，还有个美丽的传说。相传在很久以前，土家人聚居的地方有个土司，他享有"初夜权"，每个土家族少女出嫁的时候，第一晚都要交给土司。后来有一个红衣女子经过这里，杀了土司，废除了这一制度。从此以后，土家族少女出嫁时都要穿红色嫁衣，叫作"露水装"，娘家陪嫁给女儿的嫁妆也多是红色，土家人视红色为吉祥色。所以，土家女子在做象征爱情的鞋垫等精小物品时，也多选取红色原料。此外，土家族富裕人家的女子常用红色绸缎布料做衣裤；中年妇女喜爱粉红色（图5-5）。在土家族儿童服饰中也常用红色，如儿童斑鸠帽内衬红布；虎头帽额前五块缀饰以红线绞边，帽边也为红色。

随着社会的发展，人们可以通过自己的能力抵御很多灾难。但是，红色作为吉祥、喜庆的代表颜色却在土家人的思想里根深蒂固，并长期保存了下来（图5-6）。现在的土家人依然留存着"有喜必有红"的习俗。

图5-5 土家族女装（恩施土家族苗族自
治州博物馆藏）

图5-6 刺绣帐围

三、双重含义的白色

土家族作为一个古老的民族，在我国分布较广，根据地域的不同，对色彩的崇尚也会有些许差异，其中最突出的色彩为白色。土家族服饰中的白色给人以素洁、清爽之感，但也有恐怖、不祥之意。所以，土家人对白色一方面有崇尚之情，另一方面还有忌讳之意。

在湖北恩施，土家族的祖先巴氏有一个子孙叫务相，是比较有名的一代君王。其死后，灵魂化为白虎，受到土家族后人的崇敬，并当作神灵来祭拜，这便是"坐堂白虎"的由来。而在湘西，关于白虎还有另外一个传说，相传有一个土王的小妾被遗弃，愤恨之下投河而死。死后冤魂化为白虎，专门残害土王子孙。这也是一种"过堂白虎"的由来。所以，在土家族的生活中，一方面可以看出对白色的喜爱之情，如土家人的头巾有白色的、各种女红绣品中也可见白色。但另一方面，也看到在很多场合中，土家人比较忌讳白色，如喜庆场合中，通常是没有白色的，而在葬礼等场合中白色居多（图5-7）。丧事被称

图5-7 恩施利川文斗乡的店铺出售土家族丧事用的白布

为白事，吊孝时要悬挂丈长白布，包白帕子，穿白孝衣，贴白纸黑字挽联。不过平常包青白帕子也有"左青龙、右白虎"的心理寓意。从中可以看出土家人对白色的情感倾向，体现了土家人对祖先文化的传承。

鄂西一带的土家族为古代巴人之后，以白虎为图腾，秦汉时被称为"白虎复夷"。据《后汉书》载，巴氏之子务相被封为"廪君"（意为虎酋），死后化为白虎。这一带的土家人喜爱白色，包白头帕，夏天穿白衣。土家织锦中也有虎形纹样，如"台台花"（虎头纹）、"毕实"（小老虎纹）、虎脚纹等。现实中的土家人以白布包头，实为尊崇虎额之白，以斑斓衣裙象征虎皮花纹。因而，在祭祀祖先时跳摆手舞要披虎皮。

土家族男子裤腰处用白布，出门穿高领长袖，白色火汗头（对襟男上衣，俗称火汗头），劳动时打白布裹腿。老人出门时缠白色头帕；中年以上妇女头巾内部缠白色帕子；儿童虎头帽额前的缀饰为五小块白布，帽里颜色也为白色。据湖北1994年出版的《五峰县志》中关于土家族服饰的记载，"旧时，家绩白布用锅灰或化香树叶熬煮染成'吊灰布'、青布，做衣打粗穿"，走亲访友穿青和纯白色衣裳谓"青打白扮"。而湘西土家族服饰也有尚白言黑的特点，男女服装均体现一种古朴庄重的风格。有句俗话说："白布衫子巴肉穿，青布背褂糊皮漫，不好看的也好看"，可见黑白分明是土家族成年男女都喜爱的服饰色调（图5-8、图5-9）。

图5-8 现代制作的土家族青少年男装（恩施州文化中心民俗博物馆藏）　　图5-9 土家族女子绣花裤（冉博仁提供）

颜色是土家人用来表达生活感受的方式，也是对艺术的反映。土家族传统服饰红、蓝、黄、青、绿、黑、白、紫八种颜色交相辉映，浓艳而不俗，表达了土家族居住地区的青山绿水和姹紫嫣红，体现出土家族服饰中律动的色彩，也是土家族审美意识的集中表现。

第二节　青黑色的魅力

土家族服饰最显著的用色特点要属青黑色的服饰语言，这一点在种类甚多的土家族服饰中表现得极为明显。

一、尚黑的表现

在土家族服饰中黑色的运用尤为突出，在日常生活中随处可见（图5-10）。

在土家族地区，人们所穿服饰中最常见的要数背褡子。男女背褡多用黑色，这是土家族成年男女共同的服饰色调爱好。土家族男子劳作时着青蓝两色对襟短服，滚韭菜花蓝边，若蓝色衣滚青布边，青色衣则滚蓝布边；日常服装常用青布、蓝布（视觉上为黑色）做裤腿。土家族女子历来喜头戴巾帕，在家缠黑色巾帕，胸前系青色挑花围裙，穿青蓝色绣花长裤，脚穿青布面子绣花鞋；已婚妇女还爱穿青色坎肩；中年以上妇女尚蓝色，流行头缠两条巾帕，其中外缠黑色以显富裕；老年妇女尚青蓝色，喜穿蓝布长衫，头上平常缠黑色巾帕，裤子为青蓝色。土家族儿童服装的特色突出体现在童帽上（图5-11），比较典型的童帽斑鸠帽外用青布；再如狗头帽，帽面为青色。由此可见，土家族服饰中尚黑的情结如此浓厚，黑色地位不可动摇。

图5-10　土家族摆手舞

图5-11　土家族童帽

土家人尚黑，还大量流布于许多传唱的民间歌谣中，以湖北恩施地区为例。

如建始县有名的《黄四姐》民歌中就有："送你一根丝帕子（儿），送我一根丝帕子干啥子，戴在妹头上（呀），行路又好看（呀），坐到有人瞧哇，我的个娇娇……"丝帕子无疑是黑色的，这黑色的丝帕戴在被称作妹的姑娘的头上，行坐无不光彩照人，足见黑色的魅力。

咸丰杨洞民歌《小妹做鞋多做双》中唱道："白布鞋底青布帮，小妹做鞋多做双……"歌中的小郎对爱的索取仅只要双青布鞋，这并不意味着爱的廉价，恰恰相反，它是借物喻情，一双黑色的布鞋抵得上至高无上的情和爱。

还有以"逗"字起兴的另一首民歌："楼房瓦屋逗燕子，三月青草逗牛羊。"歌中的瓦屋是黑色，是黑色的诱惑力，才逗得燕子双双筑巢。同样以"逗"字做文章的鹤峰县五句子民歌这样唱道："青布帕子青又青，飘到河里沉不沉？你要沉就沉到底，你要搭就搭上身，莫在眼前来逗人。""逗"是方言，诱的意思。这诱人的不是别的，是条青色的帕子。这个绝妙的比兴，无异于在说黑色诱人的魅力。

类似的民歌还有"青布围裙绣白花，姐儿穿起似仙家""白布袜子青布鞋""青布帕帕四只角"等。

对黑的崇尚还表现在大量的儿歌中。如利川马前的儿歌："青蓝白布十二尺，香甜果果最好吃。"恩施儿歌《猫妈妈》唱道："猫妈妈，黑黑毛，逮老鼠，本领高"等。

还有一类名为"盘歌"的对唱形式，通过一问一答唱道："什么穿青又穿白，什么穿的一身黑？"答歌为："鸦鹊子，穿青又穿白，老鸹子穿的一身黑。"

这些民歌、儿歌或谜语，都是以土家人生活常见物象作比喻，这是民间文学创作常用的手法，体现了土家人在服饰上对黑色的钟爱，显示出黑色服装魅力之所在。

很早以前土家族服饰就开始使用黑色，在有限的资料中已有许多相关记载。在改土归流之前的宋元时期，即有"土人尚玄"的说法，"玄"即"带赤的黑色"，无疑土家族服饰崇尚黑色。《鄂西土家族简史》上记有"土家族头巾一般为青色（即黑色），长2至3丈（6.67～10米），打人字路"。《宣恩县志》也记有"男女多用青布包头"。《来凤县民族志》更载有"其衣料一般为自织自染的土布，史书上称为'溪布''峒布',多为青蓝二色"。同样的内容在《建始县民族志》《鹤峰县民族志》等也有记载。《来凤县民族志》所记载的"鸦鹊裰",即是以白色内襟衬里,外套黑色背心的服装,因其黑白对比鲜明、视觉冲击力强,普遍受到青睐,直到20世纪70年代前还在流行(图5-12、图5-13)。湖北巴东原泉口公社在20世纪60年代出工干活的社员,无论男女,均着清一色的鸦鹊裰装束,配上背篓打杵,显得十分亮丽而矫健。由此可见,土家人由古至今尚黑的情结。

图5-12 土家族的生活场景

图5-13 土家族的男女鸦鹊裰

二、尚黑的缘由

服饰的色彩,长期以来与土家族人们的生存环境有着密切的关系。地区性的色彩习惯和偏爱,多半取决于自然环境的变化与熏陶。在远古时代,土家人所穿的衣服都是自己一针一线缝制而成的,缝衣服所用的布料都是家庭纺制的,那时染布所用的染料也是取自于自然界。在土家族聚居的许多地区,盛产一种植物叫"五倍子"(图5-14),是做染料的极佳原料。用五倍子制成的染料是黑色的,且经久耐用。就地取材,也符合人类生存的经济法则,久而久之,青黑色被土家人广泛接受。

就传统的土家族服饰工艺而言,由于天然染料固色性能普遍较差,所

图5-14 五倍子

以土家族的服饰、被面一般很少洗涤，以免脱色。平时有的还将土家族被面反缝，以免弄脏，只有在节日或婚庆的时候才翻出正面来使用。在所有的染色中，只有两种不易褪色，就是靛蓝（包括煮青）和黑色。靛蓝经反复浸染，可得深蓝色而被称为青，而青即近似黑的意思。由于黑色主要是用五倍子等熬汁染成，因此靛蓝和黑色都较容易得到，而且色彩经久厚重，耐污又不易脏。武陵山区生活条件较差，在实用的基础上，便形成了酉水流域土家人大量使用黑青和深重颜色的喜好。

除自然环境的因素以外，土家人尚黑的习俗也来自于精神生活中的宗教信仰。据《后汉书》记载，土家族的祖先总共有五个姓氏，分别是巴氏、樊氏、曋氏、相氏和郑氏。五氏皆出于武落钟离山（又名偑山），山有赤黑两穴，巴氏生赤穴，其余四氏生黑穴。从文化基因的角度来看，这种崇尚黑色的民族情怀还以此延伸到土家族地区的许多地名之中，如"黔中"之"黔"、"黛溪"之"黛"，以及"巫山"之"巫"、"武陵"之"武"、"舞水"之"舞"、"务川"之"务"、"乌江"之"乌"，均同于"乌"。因此，黑、红两色历来受到土家人的推崇，土家族的服饰更是对黑色情有独钟。

黑色给人稳健、严肃、庄重、敦厚之感。土家人尚黑，在其所祭拜的诸多神灵中就有体现，"黑面相公"便是诸多神灵之一。土家语称黑色为"烂嘎"，在湘西土家人的眼中黑色是正直、权威的象征。《诗经·小雅·大田》有"来方禋祀，以其骍黑"的记载，所谓"禋祀"是一种祭大神的礼仪，祭祀者先烧柴升烟，然后将黄色的牛和黑色的猪羊再加上玉帛在柴上焚烧，以祭祀昊天。把猪羊玉帛都烧成黑色，可见在当时的人们心目中，黑色也就有了通神的功能。玄黑作为土家人最喜爱和尊重的时尚色几乎涉及土家人服饰、用品、家具等各个方面（图5-15）。传统的土家族男子服饰——衣裤、头帕、鞋子等从头到脚全是黑青色的装束，妇女的服饰也以黑和深蓝为主（图5-16）。对于老人来说，生前重大的一件事就是要准备好"老屋"，并漆成黑色。"老屋"即棺材，是他们西归去阴间的彼船，不涂成黑漆的棺木称"白木"，是不能载他们去见列祖列宗的。过年时祭祀祖先，在神立大门、堂屋中柱及祭祀用品上都要插梅花枝和松枝。人死出殡后，家里要焚烧松枝，松枝为"青"。寡妇在守孝期间（一般为三年）多穿黑色。据刘尧

图5-15　黑色儿童坎肩（恩施州文化中心民俗博物馆藏）　　图5-16　吹唢呐的贵州尚寨土家族男子

汉先生在《羌戎、夏、彝同源小议——兼及汉族名称的由来》中论证，"尚青"即为"尚黑"，土家人在日常生活里也将青与黑看成一体，青、黑不分家。而土家族巫师梯玛的法器也大多数为红黑两色，以黑为主。特别是跳神还愿中的"乌龙宝马"，就是一条乌黑的长板凳，巫师只有"骑"着黑马才能显神功上天庭请来众神相助。

青黑色在土家服饰中的重要地位表现出土家人对其悠久历史的传承，蕴含着丰富且深刻的文化内涵，从而成为土家族服饰历经不衰的标志性符号。

第三节　土锦的色彩语言

历史上的土家族即便服饰简陋，但却喜着斑斓色服。这种服饰是用何种面料做成的呢？相关的文献资料都有记载，斑斓色服的面料就是土家织锦（图5-17）。

传统的土家织锦用色华丽璀璨，五彩斑斓，对比中显调和，素雅中见奢华，多彩而不俗，雅致而不显单调，给人以活泼轻快、生机勃勃的审美感受，丰满的纹样和鲜艳的色彩是土家织锦最具代表性的艺

图5-17　斑斓五色的土家织锦

术特征。千百年来，受武陵山区自然风物的影响，土家织锦在图样的配色上，常常来自对大自然的感受，借鉴于艳丽的山花、锦鸡的羽毛、天际的云霞和雨后的彩虹等大自然的形态和色谱，灵活多变，信手拈来，有较大的随意性。同时，也受制于宗教习俗的影响和生活实用功能需要的制约，多有粗犷的倾向性。据《宋史·真宗本纪》记载，大中祥符五年（1012年）"峒酋田仕琼等贡溪布"，《宋

史·哲宗本纪》元祐四年（1089年）又载"溪峒彭于武等进溪峒布"。这里的贡品"溪布""溪峒布"即巴人后裔土家族所织的彩锦，它具有独特的艺术风格。清代《溪州竹枝词》曾歌咏土家织锦"'凤彩牡丹'不为巧，'八团芍药'花盈盈"，就是对土家织锦配色精良的写照。❶

经初略统计，如此斑斓的土家织锦，其配色多达30余种，这样繁杂的配色竟是在一架普通的织机上运用通经断纬的方法织造出来的，这是土家人智慧的结晶（图5-18）。

图5-18　纺纱织锦的土家族老人（唐洪祥提供）

一、巧用对比色

土家织锦图案对色彩的选用追求浓郁的装饰效果，通常注重色彩反衬与对比，配色喜用高纯度、强对比的颜色。在形成强烈对比的同时又有着一种安宁和谐的特殊感受。土家织锦的色彩以重色做底（图5-19），包括深黑、深蓝、深红，上面加织对比强烈、色彩鲜亮的彩色纹样，显得古朴艳丽、清新自然。图案常选择红、桃红、湖蓝、中黄、橘黄等颜色，深沉的底色与鲜亮的色块形成对比，对图案内容的表现起到独特的艺术效果。土家织锦中复杂的色彩搭配显得如此协调统一，打破了连续大图案色彩过于平衡、板结的先天缺陷，显得十分生动舒展。

土家织锦特别善于采用以黑和白统一、分割、包围对比色的手段，使之达到调和一致，以单纯表现丰富，明快而艳丽，讲求一种平面对比的装饰趣味。这样的配

❶ 田明. 土家织锦[M]. 北京: 学苑出版社，2008：17.

色方式是为了协调色彩之间的对比关系，避免色彩并置后互相干扰。土家织锦往往通过调整色彩之间面积大小的搭配，以一些特定的空间因素共同构成整体效应。

土家织锦还多将绿与红、紫与黄、蓝与橙等对比色放置在织锦中的恰当位置，镶嵌在深黑、深红等厚重色彩中，达到强烈对比又不失调和的效果。例如，"大蛇花""椅子花""大刺花"等纹样（图5-20、图5-21）。这种深重的底色能使织锦色彩艳丽而不俗，清新明洁，绚丽悦目。土家织锦中色彩非常浓烈的"二十四勾""四十八勾"等纹样，色彩效果鲜明艳丽，用对比色来表现，黑白勾提衬托，暖色橘黄、大红做基调，多用于织锦纹样的主要部分。

图5-19　织锦工艺常以深色为底　　图5-20　对比色的应用——大蛇花纹样　　图5-21　对比色的应用——椅子花纹样

织锦艺人还习惯在对比色彩边缘用灰色或白色的线与面相交错，从而形成线包面、面夹线的穿插，在色与色之间起到调和作用。这样的方式不仅可以突出主体纹样，使其极为明快，还可以将整体纹样表现得更为精致细腻。同时，其他"杂色"作为适当的填充，极大地丰富了画面的表现力，并使每一个"间色"都具有一个基调，视觉效果协调。

此外，在制作过程中，土家织锦尤为强调图纹的颜色调配，黑色一般少用于主题图案，只作底色和边饰。主题图案用黑色也仅仅只是点缀，以求呼应完整、主次分明有序，这样的调配可以使颜色鲜明艳丽。将对比强烈又相互独立、饱和度较高而又鲜艳的色彩放在一起，使人的视觉感受得到最大限度的满足。

总的来说，土家织锦的颜色光怪陆离、变幻无穷。织锦艺人巧妙地把色彩的独立与对比融入色彩搭配方式中，使土家织锦色彩明艳、图案清晰，表达了自身独特的审美情感和对生活的热爱。

二、妙用渐变色

土家织锦还善于运用色彩秩序化的退晕手法使对比色看起来和谐，色彩的渐变、层层的推移，使之具有强烈的节奏变化和更响亮的对比效果。这样的用色方式实际上是根据土家人在简陋的织机上，通过织锦经纬纱向工艺的有序性，从而形成色彩渐变的秩序性。

土家织锦配色能恰到好处地以秩序排列，在亮度、冷暖、色度中选取某一方而进行渐变推移，从而产生统一、秩序的美感，这在"椅子花""大刺花"等图纹中都表现得比较突出（图5-22、图5-23）。色彩的连续排列象征画面的大小，通过色块及色条的有序穿插，使色块与色块之间产生一种由深到浅的亮度渐变，从而产生由冷到暖的对比和谐。

图5-22　渐变色的应用——大刺花纹样

图5-23　渐变色的应用——太阳花纹样

三、民间配色术

土家织锦艺人在织锦的色彩搭配上，采用灵活随性的手法，世代相传。土家织锦艺人在织作过程中讲究"色从心生"，强调个人对图纹色彩的感悟（图5-24）。有时在一幅织锦中，甚至可以用红色来表达树叶、绿色来表达花，不需要忠实于物体本身的颜色，只需要根据织锦艺人的整体构思来搭配颜色，十分灵活，这也是土家织锦用色中最为关键的特征。

湘西土家族中"巴赛"的成分较重，土家织锦在早期的平纹织造中完全为素色，之后在斜纹服饰中才发展为彩色。土家织锦在技艺的传承中有一个很特殊的现象，只传授制作的图样，不传授制作的颜色。纹样的颜色需靠织锦艺人自己去体会，不同的织锦艺人会织出不同颜色的纹样，完全靠智慧织出色彩斑斓的土家织锦。十个人织造一种图案，会呈现出十种不同的色彩效果（图5-25、图5-26）。这与严格的图纹传承形成了"一张一弛"的鲜明对照。织锦艺人在织造过程中一般不需要对照实物图样，直接不假思索地信手抓线配色，这恰好说明了他们心中有谱且胸有成竹，做出来的色彩不但不杂乱，反而更加灵动而自由（图

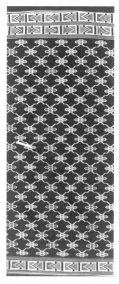

图5-24　浪漫的民间配色

5-27、图5-28）。显然，这种传承方式打破了一般民间工艺在艺术上完全程式化的一统格局，给织锦艺人更多的创造空间，既不忘程式化图样的人文构成，也崇尚色彩的对比和自然，从而使土家族服饰在保持传统的前提下更丰富多彩，更富有生命力。

图5-25　相同纹样不同色彩的应用——四十八勾纹样1

图5-26　相同纹样不同色彩的应用——四十八勾纹样2

织锦艺人在长期实践中形成的色彩配置，反映了土家民族的审美习惯和艺术取向。关于土家织锦颜色的搭配，虽然没有固定的章法可循，但是织锦艺人在长期的织锦实践中积累了宝贵的配色经验。在土家族所流传的一些民间用语中，就

能体现出土家织锦的配色方式。土家织锦女有句口头禅："白配黑，看不舍"，这句话把黑白两色相互依存并用表达得十分真切，反差强烈的用色使纹样棱角清晰，立体感强。一首口头歌诀这样说道："黑配白，哪里得。红配绿，选不出。蓝配黄，放光芒。"就是关于土家织锦色彩特征最简明扼要的说明，同时也是关于色彩配色规律最简明的表达，表明了土家人喜用对比色，用黑白衬托勾提，以黑色为底、白色镶边，主次纹样由于黑白的衬托既显得界限分明，又形成一体（图5-29、图5-30）。土家族还有一首谚语道："绘画无巧，闹热为先，用色无巧，斑斓为佳。"说的就是土家人对颜色的要求。❶

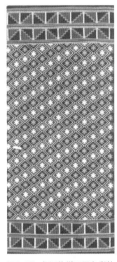   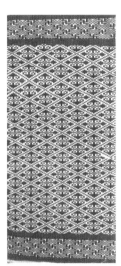

图5-27　相同纹样不同色彩的应用——燕子花纹样1　　图5-28　相同纹样不同色彩的应用——燕子花纹样2　　图5-29　黑白色的应用——蝴蝶双鱼花纹样　　图5-30　黑白色的应用——双勾花纹样

土家织锦常出现在日常生活中的被面、脚被、盖裙上。最具特色的"台台花"盖裙，是在一米见方的黑色家机土布上，仅由三面镶饰三条约15厘米宽的暖红色土家织锦条，黑色与其他色彩的面积比例几乎是10：1。大面积的黑不仅在视觉上有某种稳定感。而且能产生更加深层的影响，使人获得一种神秘、静寂的心理反应。同时，斜纹彩色织锦基本上都是以黑（青）等深色为底（图5-31、图5-32）。

❶ 田明. 土家织锦[M]. 北京：学苑出版社，2008：89.

图5-31 黑色衬底上的色彩应用——
蝴蝶纹样

图5-32 黑色衬底上的色彩应用——
鲤鱼跳龙门纹样

　　色彩斑斓的土家织锦作为装饰性的点缀，为素雅黑色的土家族服饰添上了画龙点睛的一笔，打破了土家族服饰视觉上的沉闷，使织锦的彩色与服饰的素色形成鲜明对比。这些精巧的服饰，可以说是土家人的智慧，是民族服饰的珍品。

　　土家族服饰是土家人的骄傲，它整体色彩完整饱满，主题突出。其运用简单的黑、蓝、红、白穿插了整个服饰色彩，再加上更多色彩的变换，表现出丰富自然的律动感觉，看似简单的色彩却有着极其深刻的寓意和文化内涵。土家族服饰色彩集合了土家人民的情感与智慧，是土家人意愿的表达，同时表现出土家人民质朴善良、热情奔放、勇于创新的民族精神。

第六章
边花锦纹　传情达意

作为一个完整的服装形态，服饰纹样是整个服饰造型艺术中不可或缺的部分，在土家族服饰中同样如此。服装上的纹样、图案是土家族服饰的重要组成内容，它不仅为服装锦上添花，而且起着传达情意、愉悦审美的重要作用。土家族服装上的纹样纹饰通常运用不同的表现手法，将客观对象视为审美情感和文化寓意的视觉信息符号，传达着装者的审美情感和社会文化信息。如恩施地区土家族男子的上衣胸襟上绣的白虎图就是民族图腾的象征，又如妇女围裙上绣的各种花草图案是土家族现实生活的反映。服饰纹样对服装不仅有装饰美化的效果，还起到了传情达意的作用，使土家族的服饰呈现千姿百态、靓丽夺目的景象。

第一节　朴中见俏的边花纹饰

爱美之心，不仅仅局限在某一个民族、某一个肤色的族群，土家民族也不例外。土家人虽然崇尚俭朴，然而从古至今、从小孩到老人、从男人到女人，都掩盖不了他们爱美的天性。在服饰纹样的运用上，土家民族同样表现出简约而不简单的审美喜好。例如，服饰上无过多装饰，多以点缀性绣花纹样为主。土家族男女都喜欢穿滚有边饰的衣服，这些造型拙朴的服装通过在衣袖边、衣襟边镶滚异色布条和饰以花纹图案，使之增添了光彩，给人以朴中见俏的审美感受。根据土家族服饰纹样的特点，其表现形式主要分为两种类型：条形纹饰与局部纹饰。

一、条形纹饰

条形纹饰，指在服装衣袖、衣襟、衣领、衣摆以及裤边、裙边所装饰的纹样，这种边饰是土家族富有特色的一种纹样形式，它来源于土家族崇尚俭朴的着装观念。在日常的生活劳作中，土家人为了使服装结实耐用，常在容易破损的衣领、衣襟、衣袖以及裤口边缘缝缀或滚上布条，增强其牢度，以后就逐渐演变成为装饰服装布边的习俗。由于土家族服饰的材质多为自染自织的面料，造型简洁质朴，色彩素净，采用镶滚花边和布条的工艺方法在服装上进行装饰，既加强了服装的实用性，也增进了服装的审美效果。久而久之，这种用异色布条和多彩的挑花、刺绣、织锦构成的花边衣饰，即成为土家族服饰中具有本民族个性特征的文化符号。

土家族妇女服饰上的条形纹饰极其丰富，应用在各种样式的衣、裙、裤、鞋上（图6-1），手法齐全，工艺精细，花样繁多。

土家族妇女喜穿的矮领斜襟绣花式上衣（图6-2），其衣领、右襟及袖口边都装饰有各色花边栏杆，并按照地区和年龄的不同其装饰的边饰也不尽相同：渝东南地区常在领上镶嵌三条花边，衣襟边和袖口边也贴有三条小花边；黔东南地区多在衣襟、袖口镶宽青边，袖口青边后再加三条五色梅花边；湖北恩施地区则在领口绣花边或包边，领弯至前胸绣花边或布边，两边开衩的衣摆上绣花边、包边或者贴窄布边，有的在袖口、下摆绣两道栏杆边，胸襟边上彩线绣花；湘西地区的老年妇女多在服装上镶滚花边，中年妇女在衣襟、袖口镶宽青边，青边后再加三条五色梅花条。[1]有些无领的右衽女上衣在袖口和衣襟也都装饰有青边或花边（图6-3、图6-4），从上领到下摆的花边有约5厘米宽，衣袖各有一大二小三条花边，大花边5厘米宽，小花边约有手指宽，花边宽窄几乎与衣袖口宽相同，有的地区衣袖上的花边非常宽大，足有16.5厘米宽。从以上众多的条形纹饰来看，最普遍的是在衣领、衣襟、衣袖上镶嵌或包滚各种样式的三条花边，这就是当地俗称的"三股筋"。土家人在衣服边缘包上布条，以防磨损，随着包边的不断增加，逐渐形成多层次的布边，后发展成为"三股筋"的装饰，它生动地体现了实用先于审美的美学原理。

图6-1 土家族女装边花纹饰

图6-2 湘西地区土家族矮领斜襟绣花女上衣

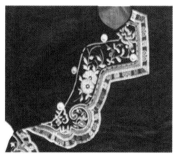
图6-3 土家族女装襟饰纹样

图6-4 土家族女装边饰纹样

❶ 冉博仁. 土家族服饰传承、研究、创新[M]. 武汉：长江出版社，2011：16-21.

图 6-5 土家族服装上的梅花朵纹样

图 6-6 狗牙
齿花纹样

土家族妇女戴在胸前的一种围裙，俗称"吊把裙"和"妈裙"，从上部的半圆形到下摆都装饰有一圈宽约 3.38 厘米的花边。围裙的系带也是一种条形纹饰，一般约为 67 厘米长，又叫花带，是用五彩丝线织成的。土家族妇女裤装上的条形纹饰一般在裤口边，常装饰有三条彩色花边或两至三道兰干细布，以宽度不同的梅花朵（图 6-5）或麦穗条的条形纹饰为主。这些花边，有的是先剪好的花样，照着花样绣成的；有的则是妇女们数着纱线一针一针挑的。条形纹饰还装饰于鞋上，妇女们喜欢在鞋口滚花边，挑狗牙齿花（图 6-6）的条形纹样。

土家族的条形纹饰不仅用于女装，也用于男装（图 6-7）。土家族男子服装上，无论是上衣下裤都滚有条形纹饰，一般多为栏杆花边（图 6-8）。上衣多穿青、黑对襟短衣，在衣服的肩、背、门襟处镶以白色丝带，在裤口、袖口上都镶有异色宽边和花边。因年龄的不同，服饰上镶滚的花边颜色和形状各不相同，如青年男子所用的花纹是韭菜花，中年男子下摆贴青色的布条，中老年男子在大襟衣和围裙上采用白色的栏杆花边。部分地区的男式大风帽布边也滚有栏杆花边。

图 6-7 土家族镶边男装
（2012 年摄于湖南湘西州龙山县）

韭菜花

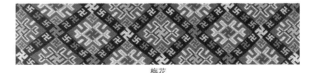

梅花

菊花

图 6-8 土家族服装上的花边纹样

从以上土家族男女服装上的条形纹饰来看，其主要采用二方连续的构成方式。二方连续纹样是指一个单位纹样向上下或左右两个方向反复连续循环排列，产生优美的、富有节奏和韵律感的横式或纵式的带状纹样，亦称花边纹样（图6-9）。土家族条形纹饰的题材主要为韭菜花、梅花、菊花、麦穗条、狗牙齿等纹样，它们都来自于土家人生活中常见的植物和动物。这些平常而又普通的自然物象，被形象地装饰在服装上，表明了土家人热爱生活的美好心态。

图6-9 丰富多彩的花边纹样

土家族条形纹饰中使用较多的栏杆花边，是一种苎麻类的织物。在土家族服饰文化中有着悠久的历史，宋人朱辅的《溪蛮丛笑》亦认为"兰干，獠言纻"，即"兰干细布"是以苎麻织成的布。但是这种"兰干细布"与普通的"麻布"有所不同。按一般原理，普通的原布是纤维的本色，色布是织好之后再进行漂染上色；而这里的兰干细布却是将线染成五色后再织成的布。"兰干"本应作"栏干"，意为纵横交错的"条状结构的图纹"。因此，"兰干细布"又可理解为一种带有条状或网状纹饰的麻布。这与今湘西地区民间织造的那种称为"格皂巾"或"干干（幹幹）布"的家机土布很相似。现今，土家人仍把织绣出来的条状图纹叫作"栏干"或"梅条"。有的地方仍然将这种带有条状或网状纹饰的家机土布称为"栏干布"。聪明的土家族人将这种布条缝缀和镶滚在服装的衣领、衣襟及衣袖边缘上，既增加了牢度，又与服装面料在质地上产生不同的肌理效果。

土家族的纺织历史表明，"栏干布"与"土家织锦"有着密切的联系。湘西著名画家、学者田明在其《土家织锦》中认为，近代土花铺盖的前身即是"兰干细布"。清同治《永顺府志》和1939年版《龙山县志》都记载："汉传载兰（蘭）干，兰（蘭）干，獠（僚）言纻……按：布即苗（即土家）锦。绩五色线为之，文彩斑斓可观，俗用以为被或作巾，故又称峒布。"可见，说"兰干细布"是土家织锦的前身是有一定根据的。这时的"峒布"显然比"兰干细布"的条状或网状图纹更丰富复杂，已具备"锦"的典型特点，并在以后逐渐发展成为土家织锦。后来，爱美的土家人也把土家织锦作为花边广泛地应用到服装上（图6-10），这种用土家织锦花边制作的衣、裤、裙称为"土布花衣"，土家语也叫"毕兹卡卡普斯巴"。不同年龄妇女的土布花衣各不相同，老年妇女一般是滚土家织锦满襟衣；而中青年妇女的土布花衣则滚有土家织锦花边，衣肩、衣身的胸襟及袖口缀一道青布边（图6-11），约6厘米宽，边后均等地缀两条或三条五色土家织锦花条（以梅花、菊花纹样为主），裤脚多以对称的色布加边（约10厘米），一般以黑色为多，边后缀两或三条均等的土家织锦梅花条。[1]

图6-10　缀有土家织锦的男装

图6-11　缀有土家织锦边饰的女装

---

[1] 田明. 土家织锦[M]. 北京：学苑出版社，2008：12-14.

二、局部纹饰

局部纹饰，指一种分布在服装上不同部位的点缀性装饰纹样。局部纹饰在土家族男女服装上的装饰位置虽各有不同，但都具有画龙点睛的艺术效果。男子局部纹饰主要分布在帽子、上衣的前胸襟及裤子的膝盖部位，如土家族男子在大风帽后面的白布上绣有龙、鸟、虎的图形，这些纹样都有驱邪避害的寓意。崇尚白虎地区的土家人，常在男子上衣胸襟绣有白虎纹样（图6-12）。另外，土家族许多地区男子所穿的琵琶襟上衣，其胸前或门襟上多镶滚如意钩纹样，寓意吉祥如意。女装上的局部纹饰主要分布在上衣的腰部、女裤膝部、围裙、围腰和鞋袜上。土家族女子上衣的腰部常绣有银钩纹样（图6-13、图6-14），女裤膝部常绣有椭圆形的"蝴蝶戏花"（图6-15）"双凤朝阳""野鹿含草"等组合型纹样。妇女围裙上通常绣各种花草图案，约五寸（16.67厘米）见方。妇女的鞋袜也很讲究，用五色线绣成花草、蝴蝶或蜜蜂等花草虫图案。其中花纹图案主要采用挑和绣的方式（图6-16），绣工精细，色彩鲜明，具有浓厚的民族特色。

图6-12　土家族男服上的白虎纹样（恩施土家族苗族自治州博物馆藏）

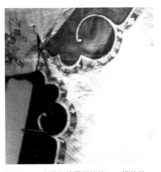

图6-13　女装上的局部纹饰——银钩纹

图6-14　土家族妇女服装银钩（源自《土家族民间美术》）

图6-15　女装上的局部纹饰——蝴蝶戏花

图6-16　土家族挑花野鹿含草图

　　在土家族服饰上局部纹饰的题材主要为动植物纹样与吉祥纹样，其中动物纹样如虎、蝴蝶、野鹿、蜜蜂等，植物纹样有各类花草，吉祥纹样如龙、凤、如意钩、银钩等。在局部纹饰中，男子服饰多以动物纹为主，女子服饰则多以植物花卉纹为主。这些纹样既有图腾崇拜的寓意，更有追求美好幸福生活的含义，如纹样中运用的龙、凤、如意钩等吉祥纹样就是受到了汉族文化的影响，使土家族服饰纹样更为丰富。

　　值得一提的是装饰在女装上的银钩纹样，它作为女装上局部纹饰的典型表现形式，由于被广泛地应用于土家族服饰中，因而银钩也成为土家族传统女装样式的一种别称。（参见第三章）"银钩"又称为"云钩"，其形状多为云形，常在深色底上镶滚浅色细径，勾勒出云纹的流转灵动，有吉祥的寓意，象征高升和如意。银钩多装饰在传统女装的腰部，或者在上衣衣襟边缘及下摆两侧开衩处拼接的墨色宽边上，并饰以亮丽花边，使整件服装显得灵动而富有生气。云纹是我国传统的装饰纹样，一种用流畅的圆涡形线条组成的图案，最早出现在汉代的服饰及器皿上。受汉民族服饰文化的影响，土家族服饰的装饰上也使用云纹，通过艺术加工后的银钩纹不仅具有美好吉祥的装饰意味，更具有本民族的艺术特色，并常与"三股筋"和其他的局部纹饰综合使用，体现了土家族服饰的独特魅力。图6-17所示为20世纪上半叶土家族富裕人家的女装，属于传统的矮领右衽大襟衣，上面既有条形纹饰又有局部纹饰。丁香紫色的服装上从领口、衣襟以及下摆处都贴青边，边后均镶滚不同深浅的三条绿色花边（"三股筋"），在灰绿色的袖口布边上绣有彩色的动植物纹样，衣胸襟及两侧开衩处贴墨色宽边，上面镶滚有浅绿色的银钩纹样。整件服装的色彩和谐雅致，纹样朴实生动，工艺精美细腻，不失为土家族服饰的传世珍品。

　　此外，儿童服饰纹样大多为局部纹饰（图6-18、图6-19），主要挑绣各种吉祥纹样，如蝴蝶、金瓜、双凤朝阳、狮子滚绣

图6-17　土家族女上衣——"银钩"（恩施土家族苗族自治州文化馆藏）

图6-18 童装上的局部纹饰（恩施州文化中心民俗博物馆藏）1　　图6-19 童装上的局部纹饰（恩施州文化中心民俗博物馆藏）2　　图6-20 童装上的挑花图案

球、五子登科、鲤鱼跳龙门等。各种童帽上用五色丝线挑绣着"喜鹊闹梅""凤穿牡丹"和"福禄寿喜"等花鸟图案。童装中的婴儿背带、围裙和围帕上的图案都比较讲究，常用彩色线绣上"双凤朝阳""蝴蝶戏花""古宝圈"（黔东北的一种纹样）等。儿童常穿的虎头鞋前面绣有"王"字，两侧绣花。儿童服饰上的纹样大多都是为了表达保佑小孩健康成长的愿望，体现了母爱之情（图6-20）。

综上所述，多彩的边花纹饰是土家族服饰中极富有特色的装饰工艺，其图案纹样题材的内容与土家人日常生活密切相关，如"梅花朵""麦穗条""菊花""狗牙齿"等二方连续纹样，常被应用于条形纹饰；"蝴蝶戏花""双凤朝阳""野鹿含草""银钩"等刺绣纹样，常应用于局部纹饰。这些装饰纹样为原本朴素的土家族服饰增光添彩。

第二节　题材丰富的织锦纹样

土家织锦是土家族服饰文化的重要组成部分，长期以来，它不仅丰富了土家族服饰文化，也用其斑斓的色彩点缀着土家人美好的生活。土家织锦的出现和土家族服装的出现一样，是应土家人的生活需要自然发生的。在数千年的历史长河中，土家族服装和土家织锦的关系密切，相互融合，协调发展。一方面，在土家族服装生产的过程中，提高了土家族妇女织造面料的技艺，从原始织造到赛布、兰干细布，再到溪峒布，最后发展成为土家织锦。另一方面，土家族服装崇尚俭朴，使用面料也较为单一，因此服装上的装饰较少，一般只是在服装的边缘加以点缀。但是天性爱美的土家族姑娘，聪慧地将花色斑斓的土家织锦作为一种装饰点缀到服装上，并将土家花带边饰运用于服饰配件，这样既保留了土家族服饰的传统韵味，又增加了服饰的装饰效果，风格独特。再者，土家族服装上的许多传统纹样，经过代代艺人心灵手巧的织造，表现在土家织锦上，也为我们研究土家族服装的传统纹样提供了有力的实证。可以说，土家织锦因土家服装而兴起发达，土家服装因土家织锦而增光添色。

土家织锦的纹样种类非常丰富，现存约有一百多种都源于生活和自然，题材取自于花草、鸟兽、生产生活用具、天象、文字等。在土家织锦织造者的心中，生活中的所有都成为她们取之不尽、用之不竭的创作源泉。大自然有最美丽的鲜花，花是女性最本能的生命象征。在土家族妇女的眼中，世界中的万事万物即是自然状态的花，也是她们心目中的花。动物是"花"，植物是"花"；天上有"花"，地上也有"花"。就连日常生活中最不起眼的器具什杂，背篓、豆腐架子、粑粑架、梭子或桶桶盖都是她们心中最美丽的"花"。她们将这些心中的"花朵"，按照土家族妇女最原始的情感去理解、加工、升华，从而创造出精美的艺术之花，这就是我们所见到的土家织锦中的纹样图案。❶

土家织锦纹样纷繁多样，在各民族的装饰图案纹样中是较为罕见的，纹样题材十分广泛，几乎涉及土家人生活的方方面面。其大致可分为以下八类。

一、植物花卉题材

植物花卉题材纹样在土家织锦中出现最为普遍。土家人长期生活在武陵山区，丛山峻岭中的奇花异草不计其数，日常生活中的花草藤叶俯拾即是。大自然赐予土家族人的自然财富，滋养了他们并带来无穷的乐趣。土家人将这些自然物象织进彩锦中，也给人们带来了艺术享受。

---

❶ 田永红. 黔东北土家族服饰文化[J]. 贵州民族学院学报（社会科学版），1991（3）：80-85.

植物花卉纹样有莲花、韭菜花、牡丹花、藤藤花、大莲蓬、荷叶花、梨子花、岩墙花、八瓣花、梭罗花、梭罗树花（图6-21）、梭罗丫、大刺花、麻阳花、菊花（图6-22）以及梅花系列中的大烂枯梅、小烂枯梅、九朵梅（图6-23）、四朵梅（图6-24）、小白梅、大白梅等。通常是对土家族生活中常见的植物花卉的变形和抽象，造型别致，古朴富有韵味，散发出浓郁的民族芬芳。其中对于梅花的构图，土家族姑娘仅选取冒雪开放的梅花，用几个菱形的方块作为花瓣组合而成。如九朵梅和四朵梅这两种织锦纹样都是通过抽象变形，然后提炼成两个相叠的小菱形，正中一个"×"，四周再各以一个小方块来点缀的，乍一看好像就是梅花的花心一般。在构图上都是以菱形结构为单元反复连续的纹样，色彩上也都运用对比色系来铺满整个画面，颇为相似。而它们最大的区别在于菱形单元结构内梅花的数量不同。其次单个花型较为简洁大方的要属大刺花，由山间野生花卉变形而来。但大刺花纹锦纹样繁复，色彩调和沉稳，以单边勾连续构成，大刺排列有序，主体纹样的底色交错变换，同类色相间十分协调。花型为黑、白、紫等色，并以色线勾边，显得醒目。大刺花纹织锦两端的档头通常为猴手纹平织，中心锦面为斜织，如有的由单边勾和狗牙连续三盘大刺花组成，造型、构图、设色都比较单纯。

土家族服饰中常见的植物题材还有藤条花边大白花、九朵梅、石榴花、麦穗条等，它们往往被临拓在背带、服装花边等小件服饰上，图案花纹细腻轻巧、讲究对称。

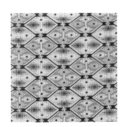   

图6-21　土家织锦植物花卉之梭罗树花纹样　　图6-22　土家织锦植物花卉之菊花纹样　　图6-23　土家织锦植物花卉之九朵梅纹样　　图6-24　土家织锦植物花卉之四朵梅纹样

二、动物鸟兽题材

土家民族世居深山丛林，从原始先民到现在，自始至终没有真正脱离过与大自然亲密的关系。因而，这个靠山吃水的土家民族，他们的生产生活方式与自然环境有着最密切、最原始的联系。长期的渔猎生活，让这个民族与自然界的生灵同呼吸、共命运，自然万物俨然已成为他们生活中的一部分。土家织锦纹样对动物形象的刻画只是一种对历史生活最详尽、最真切的传达方式。可以说，动物纹样在土家织锦中也是非常常见的。

动物鸟兽纹样有狗牙齿花、野鸡花、大蛇花、蜂子花、阳雀花、燕子花、虎皮花（图6-25）、小马花、猫脚迹（图6-26）、狗脚迹、牛脚迹、猴子花、鱼尾花、蛇皮花、狮子花（图6-27）、凤凰花、小兽、马毕花、猴手花、野鹿含花（图6-28）等。这些动物鸟兽的纹样造型，往往借助所指动物的部分特征加以装饰手法表现而成。其中最具影响力的"阳雀花"图案多用于制作被面，成长条形状。三幅拼缝成一床，每幅宽一尺二寸（约40厘米）。每幅的中部主体图案采用"一斜花"工艺制作，两端花边多采用"对斜花"制作，花边采用"螃蟹脚"两方连续图案。"螃蟹"是土家人夜间的保护神，这种"螃蟹脚"采用了抽象的几何造型，十分夸张简练。中部"阳雀花"的整个造型是由一些分割的几何形组合，鸟的头眼都织造成了菱形，鸟翅变成四个等距排列的复合几何形，鸟腿变化成由多种色彩排列的"＞"形，整个形象既生动活泼又具有鸟类的形象特征。虽然只用简练的几何线条、几何块面塑造，但各个部位都十分贴切。这个抽象的艺术形象，主要运用了"夸张变形"的装饰手法，成为土家织锦中的代表性图案。"阳雀花"在土家人心目中是一种神圣的花，因而也多用于服装中。"大蛇花"是土家织锦中一个较为特殊的艺术形象。"大蛇花"土家语也称"窝此巴"，其主体纹样是由规则的小三角形、菱形块排列，极像蛇身斑纹，档头的辅助纹样一般为寿纹平织，从上到下形成十分规则的卷曲。取名"大蛇花"，或许是由于这种绵延不绝的气势。主纹样的长蛇与辅花寿纹结合在一起，都寓意着吉祥。

土家族服饰中常见的动物题材有猴年、野鸡尾、猪脚迹、梅花鹿足迹、蝙蝠等。这些纹样常用于围裙、围腰、搭帕、枕头边，构图朴实饱满，造型生动优美，不拘泥于临摹自然，而是采用变形夸张等手法，使各种图案都富于想象和诗意，具有浓郁的生活气息和古朴的民族特色。

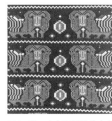

图6-25 土家织锦动物鸟兽之虎皮花纹样　　图6-26 土家织锦动物鸟兽之猫脚迹纹样　　图6-27 土家织锦动物鸟兽之狮子花纹样　　图6-28 土家织锦动物鸟兽之野鹿含花纹样

三、几何图案题材

由于土家织锦制作工艺上的限制，斜纹织锦中坐标纵横的向度，正好构成织造的纬花斜线都接近45°，左右两条斜线就自然形成近于90°的夹角，因而土家织锦中的纹样都以垂直和水平方向的直线与斜线构成，几何型纹样便成为土家织锦中最基本的构成形式，主要有三角形、菱形、十字花图案以及勾纹，其中以勾纹种类最为繁多，如四十八勾、二十四勾、十二勾、十勾、双八勾、单八勾等（图6-29～图6-32）。

八勾花无疑是勾纹系列中的佳品，由不同粗细的线条构成的八勾造型和设色都较为自由。阶梯型分布的主体纹样由两种不同的暖色构成，主体纹样又有各色线镶边。设色斜向排列相同，上下每两组八勾纹样之间填充有被称为"太阳花"的小花。斜织的整幅锦面织造较为随意，色彩却沉着高雅。这样的配色让人感受到土家人的热情与温暖，而这样的造型布局却又给织锦增添了一丝神秘。二十四勾花以单八勾为主，套以十六勾的连续纹样，形成完整的二十四勾菱形图案。从上到下紧密连接着五组主体纹饰，而镶配在主体纹饰两边的是颜色对比丰富的万字流水纹与狗牙齿纹，将整幅锦面联系起来，使得主题突起、色调和谐。有趣的是在锦面两边空白处还添加了单独的八勾纹样作为呼应，巧妙地与中心主体纹样中的八勾形成对比色，但却十分和谐，两端档头连续统一的秤钩纹饰也具有连绵不断的意思。这些几何纹样，并非一朝一夕间产生。根据土家纹样的相关史料，可知八勾和十字图形是由十二勾演变而来的，十二勾又是由二十四勾演变而来的，二十四勾则是由四十八勾简化而成的。一环扣一环，显示出顽强的生命力。现在除了织锦，在房屋建筑、刺绣等方面，也在大面积使用这类纹样，具有浓郁的土家文化意蕴。

图6-29　土家织锦几何图案之单八勾纹样

图6-30　土家织锦几何图案之十二勾纹样

图6-31　土家织锦几何图案之二十四勾纹样

图6-32　土家织锦几何图案之四十八勾纹样

四、生活器物题材

在土家织锦丰富庞大的系列中，最引人注目的是"生活器物类"纹样，这一类纹样也是再普通不过了。无论是生活里的"粑粑架"，还是生产用的"背篓"；不论是家居里的"桌椅"，还是房屋中的"窗格"；大到"龙船"小到"门锁"，从庄严的"神龛"到平常的"桶桶盖"，几乎是应有尽有。平凡中见伟大，单纯里有真情。土家人以独特的审美意识和敏锐的视角，展现了他们热爱生活、勤劳朴实的精神品质。土家织锦这种以最普通的生活器物而升华成如此精美的图案纹样系列，是独一无二且今古纹样中罕见的。

生活器物纹样主要有桌子花、椅子花（图6-33）、衣板花、粑粑架花、梭子花（图6-34）、桶桶盖花（图6-35）、龙船花、铜钱花、锯齿花、吊灯花（图6-36）、背篓花、盘盘花、窗格花、秤钩花等。其中桶盖花又称桶桶花，土家语称"桐芭独窄"，因形似民间盛物用的扁形木桶盖而得名。此纹纵向有四条桶盖纹上下连续，由于色彩配置不同而产生不同的效果。其间四条菱形花田字纹作中性色处理，呈现出视觉的凸凹感。桶盖花在土家语中则叫"桐八独盖"。主体纹样意在表现土家族所用的。特别的扁桶盖子，配以各式几何纹饰，显得十分丰富。斜向的色彩交错变化使整幅锦面为之多姿多彩，含灰的中性色调，高雅古朴。甚至连劳作用的锯子，也加入了织锦纹样的行列。被土家语称为"克车"的锯齿花，以曲形构成意向锯条的织锦，连结的小三角形排列以示锯条的齿形。设色交错变化，明度相互对比，产生生动、丰富的艺术效果。这类纹样是土家人热爱生活的表现，纹样朴实无华，却具有与生俱来的土家情结。

  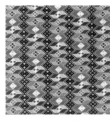 

图6-33　土家织锦生活器物之椅子花纹样　　图6-34　土家织锦生活器物之梭子花纹样　　图6-35　土家织锦生活器物之桶桶盖花纹样　　图6-36　土家织锦生活器物之吊灯花纹样

五、吉祥寓意题材

吉祥寓意纹样是中国传统纹样的重要组成部分，它是指以象征、谐音等手法，组成具有一定吉祥寓意的装饰纹样。吉祥纹样起始于商周，发展于唐宋，鼎盛于明清，在当时达到了图必有意、意必吉祥的境况。吉祥纹样表达的核心内容主要有四个方面的含意："富、贵、寿、喜。"其中贵是权力、功名的象征；富是财产富有的表示，包括丰收；寿可保平安，有延年之意；喜则与婚姻、友情、多子多孙等有关。吉祥纹样已成为认知民族精神和民族志趣的标志之一。土家织锦上所表现的吉祥寓意纹样显然是受到了汉文化的深刻影响，这也充分表明土家族文化是中华民族文化的一个组成部分。

吉祥寓意纹样主要有凤穿牡丹、鲤鱼跳龙门、双凤朝阳、双龙抢宝、蝴蝶戏花、鹭鸶采莲、喜鹊闹梅（图6-37）、龙凤呈祥、野鹿衔花、四凤抬印、老鼠迎亲等。其中以牡丹、凤凰为题材的吉祥图案纹样"凤穿牡丹"（图6-38）被视为祥瑞、美好、富贵的象征。在土家织锦纹样中凤和牡丹花都脱俗般地呈现给人们以别样的装饰美感。土家族民间艺人在移植图形中作了变形和重新组合，保留其花鸟生动自然的外形特征和生长运动姿态，利用线面结合的方法，将其简化为平面形象。牡丹作中轴对称几何化处理，稳定了锦面的构架。以瑞凤和牡丹构成互为相背的主题纹样形式。凤在牡丹花枝中穿飞，在大红底上配以粉红、粉紫、淡绿、橙黄等色，使土家织锦充分传达出富丽、吉祥、喜庆的地域气息和淳朴的风格。土家织锦龙凤呈祥纹样（图6-39）象征着高贵，也体现着爱情。龙在腾云，凤在牡丹花枝中穿飞。凤头吊有吉祥的吊坠、闪光的珠宝、成对的鸳鸯。大红底色上配粉红、粉紫、淡绿、橙黄等色，两档头为连续太阳纹边饰，造型与设色均为上乘之佳作。这些纹样都有着各自不同的象征含义，一般都是表达人们追求吉祥美好的愿望，如"野鹿衔花"象征福寿延年、"鹭鸶采莲"象征爱情永合、"四凤抬印"（图6-40）象征王权、"老鼠迎亲"象征幸福美满。

图6-37　土家织锦吉祥寓意之喜鹊闹梅纹样　　图6-38　土家织锦吉祥寓意之凤穿牡丹纹样　　图6-39　土家织锦吉祥寓意之龙凤呈祥纹样　　图6-40　土家织锦吉祥寓意之四凤抬印纹样

六、文字雏形题材

土家族有自己的语言，但没有自己的文字。织绵上的文字是以汉字为原型的。汉字纹样是我国传统的装饰纹样。从汉代的织锦中出现汉字纹起，人们就开始运用这一元素了。受其影响，在土家织锦中汉字纹样也比较常见，但受到土家织锦织造技艺的制约，其纹样主要为以横线和直线构成的汉字，如万字花、王字花、喜字花、寿字花、福禄寿喜、长命富贵、田字花等。

万（"卍"）字纹是土家织锦中最具代表性的纹样之一，它既可单独成型，也可将万字纹分解成各种勾纹作为陪衬和填充使用，这成为土家织锦突出的装饰特点之一。土家织锦中所用的文字纹样尽管简单，但都有着详尽的祈福之意，是象征吉祥的符号，表达了土家人积极乐观的情操。寿字是土家生活中运用很多的一个吉祥汉字符号，如吊脚楼的栏杆、桌椅家具的雕花等。寿字花纹样以寿字花格纹样为主体，几何感强烈，将文字与几个纹样相结合，用抽象的手法表现出不同的文字纹样，主要以繁体的寿字为主体，并伴有王字纹与万字纹的使用，色彩多以红色、黄色为主，象征着万寿吉祥。福禄寿喜纹样采用八答晕的四方连续布局，把相同的文字排成直行，别有一番风味。其中福、禄、寿、喜经常被作为一个整体的吉祥内容而运用于土家织锦中，它们分别代表幸福、财运、官运、长寿和喜庆，织在一起也反映了人们对招福纳财、加官晋爵和双喜临门的渴望。此外，"王"表最高、最首之意；"田"有丰收之意；"中"同样表达美好，有中和之意。这些文字纹样都有着详尽的祈福之意，被人们当作自己的精神寄托，承载着土家人追求幸福的美好愿望和憧憬（图6-41、图6-42）。

图6-41　土家织锦文字雏形纹样1

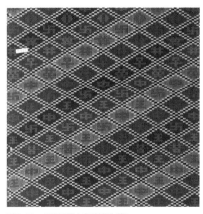

图6-42　土家织锦文字雏形纹样2

七、图腾崇拜题材

图腾崇拜是将某种动物或植物等特定物体视为与本氏族有亲属或其他特殊关系的崇拜行为，是原始宗教的最初形式。原始人相信每个氏族都与某种动物、植物或其他自然物有亲属或其他特殊关系，一般以动物居多，如台台花（虎）、白虎纹、龙凤以及云钩花、满天皇花、太阳花、迎亲花等。

这类题材与土家族人的信仰有极大的关联。白虎是土家人的图腾，土家人自认为是白虎的后裔，受到白虎的庇护。土家族服饰中关于图腾纹样应用最多的就是"台台花"（图6-43），又称"台台虎"。本地汉语方言把这种阶梯状"一级

图6-43　土家织锦图腾崇拜之台台花纹样

"一级"逐级上升的样子叫作"台台"，故称为"台台花"。"台台花"是二方连续式样的组合纹样，它由三种基本纹样构成：第一部分是"补毕伙"，汉语直译为"船小"，意为小船，它横向作二方连续的排列，以较粗的横折线构成图案的基本骨格；第二部分是一组菱形框架的几何形，它没有土家语和汉语名称，夹于小船纹的中间，与每只船相对应；图案的最下边即第三部分，是边饰纹样"泽哦哩"，汉语称"水波浪"，是一组连续的波折线。整个"台台花"图纹以桃红、浅绿、淡黄等娇嫩的颜色为主导，从外形上看，似乎是模拟的老虎外观形态。此种纹样适合于孩童的摇篮围盖（盖裙），有保护小孩驱邪避害的寓意。❶

八、自然现象题材

本着万物皆有灵性的说法，自然现象纹样在土家织锦中同样也占据了很重要的地位，这类纹样主要是天象地理，如云纹、水纹、月亮花、满天星（图6-44）、雷纹、太阳花、千丘田等。这些纹样是对自然现象的一种反映，但也具有土家人的审美特点。其中云纹常在深色底上镶滚浅色细径，勾勒出云纹的流转灵动，有吉祥的寓意，象征高升和如意，多装饰在传统女装的腰部。云纹是我国传统的装饰纹样，是一种用流畅的圆涡形线条组成的图案，受汉民族服饰文化的影响，土家人也使用云纹装饰于服饰上，并常与"三股筋"组合运用在服装上。千丘田纹样通过几何处理，大田中有小田，田田相连，也称为田字花（图6-45）。菱形的田字打破了田字的呆板，纵向黑色之字形线和类似色的运用丰富了锦面。这些自然现象在土家织锦的图案中都并非以物品本身的自然形态出现，而是融入了写意的、象征符号的艺术形式来描述对象。这都源自土家人与生俱来的对客观世界的认知和自身对生活乐观豁达的处事态度，以及对大自然中生命的尊重。只有做到细心

❶ 田少煦．湘西土家族盖裙图案考析[J]．贵州民族研究，1998（3）：87-92．

挖掘客观实物的根源，才会创作出这些具有艺术美感的土家织锦纹样。❶

　　土家织锦的纹样图案源自土家人自己的生活。喜爱装饰的土家人以美和吉祥为最终追求，显示出浓郁的民族个性。土家织锦的最终图案因织造者的不同，往往会有不同的表现。同一种名称的纹样有时甚至有二十多种图案来呈现，这也成就了土家织锦美丽丰富的图案纹样形态。

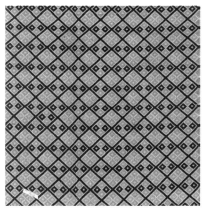

图6-44　土家织锦自然现象之满天星纹样

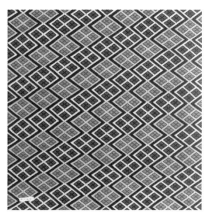

图6-45　土家织锦自然现象之千丘田纹样

第三节　吉祥寓意的文化符号

　　在土家族服饰纹样中，不同的纹样具有不同的寓意。总体来说，大多都是吉祥幸福、避邪保佑等美好愿望的表达。可以说，土家族服饰是土家族人民情感的表述和记录，它的历史流变，不仅仅是一部土家族人民情感积淀的演变史，还是民族造物工艺文化从单一走向多元，从以最初的物质文化功能，即服饰的使用功能为主导，转向追求精神愉悦及阐释审美情感为主的装饰审美功能。通过对土家族服饰纹样的解析，我们大致把服饰纹样的符号寓意分为三类，第一类是自然物象符号寓意；第二类是社会物象符号寓意；第三类是人文事象符号寓意。其中，自然物象符号寓意主要来自于动植物和天象纹样的文化符号；社会物象符号寓意

❶ 田明. 土家织锦[M]. 北京：学苑出版社，2008：122-123.

主要来自于社会生活和情感的文化符号；人文事象符号寓意主要来自于图腾崇拜
和宗教信仰的文化符号。

一、自然物象符号寓意

土家人崇尚自然，与之和谐相处，在长期生产实践中用智慧来美化自己的生
活，在继承中创造，因此始终保持着本民族独特的风格和浓郁的乡土气息。独特
的土家族服饰符号形式记载着土家人对自然之美的肯定，包含着深厚的原始造型
意识和古老的文化内涵，表达了人民对美好生活的祈愿和追求美的质朴情感。在
长期的社会实践活动中，土家人将各种植物的花瓣、叶子，以及神态各异的飞禽、
走兽、游鱼等自然物象与他们生活息息相关的记忆物化为一种形式，并施以简单
的线条和色彩，使之成为具有时代特性的印记存在于服饰图案中。自然物象符号
主要包括动物、植物和天象地理等方面的内容。

植物类中的梭罗树和梭罗花在土家人传说里，是指月亮上的仙树，俗谚有
"梭罗花，梭罗丫，梭罗树上开桂花"，它们都是与月亮合一的月亮树，反映了日、
月生命之树万古长青、永生不息的人类生命意识（图6-46）。梅花以它高洁、坚
强、谦虚的品格，给人以立志奋发的激励。在严寒中，梅开于百花之先，独天下
而春，因此梅花是土家人传春报喜的吉祥象征。韭菜花的花语是奉献，牡丹象征
高贵，菊花象征高洁的品格。这些纹样都是土家族人对自然万物中植物的崇拜，
同时也包含着土家人对美好生活的无限热爱。在土家族服饰中，麦穗条以及梅花
条常用于边饰，表达了土家人对生活的热爱。

在动物类中，阳雀花中的阳雀鸟在汉语中的名称是杜鹃鸟，也是土家族的吉
祥之鸟，寓意着吉祥（图6-47）。燕子花中的燕子，欢快勤奋，外形俊俏，飞舞轻
盈，它作为一种吉祥鸟，在土家人心目中也是一种吉祥的象征。马毕花是土家织
锦中常见的纹样，在土家语的意思中，毕为小，马毕就是小马，马在土家传统文
化中有象征威严之意。猫脚迹和狗脚迹是以动物足迹、肢体取名的图案。猫、狗
是山地民族最亲近的动物，其足迹亦为山民所熟悉，其中狗可预兆吉凶灾异，也
寓意着吉祥。在土家族服饰中，狗牙齿花常被用于服饰的边饰上，阳雀花则被用
于服饰的裤脚边和袖口边。"鹿子闹莲""喜鹊闹梅""双凤朝阳"等纹饰受到汉文

化的影响，常用于土家族女子的胸襟、袖口、围腰、膝盖、布鞋之上，象征喜庆吉祥。

图6-46　土家织锦自然物象之梭罗丫纹样　　　图6-47　土家织锦自然物象之阳雀花纹样

天象地理类中的云纹象征吉祥如意，常被应用于土家族服饰上，如女子服饰上的"银钩"和男子服饰上的"如意钩"。土地是劳动人民最基本的生产资料，以田地为题材的千丘田，象征着的是土家女儿对生活的诗意描绘，正如陶渊明在《桃花源记》中所说："土地平旷，屋舍俨然，有良田美池桑竹之属。阡陌交通，鸡犬相闻。"人与自然、劳作和社会的关系，就这样通过一双双纤巧的手、一段段秀美的颜色织出了美丽的千丘田纹样，使人们在生产生活中逐渐认识到土地、阳光、雨水对农业的重要性。月亮花是指生命树与月亮合一的月亮树纹样，月亮围绕地球循环往复的运行，象征着人类生生不息。从土家族女子在土家织锦上表现的星星、太阳的纹饰中，可以看出土家人对大自然的热衷与眷恋以及土家织锦包含的浓浓乡情，从而传达出土家人在农耕生活时期对大地的热爱和期望。

二、社会物象符号寓意

社会物象符号所表现的对象，从乡村到山寨，从房屋到家具，从使用的器具到生活的物件，应有尽有。土家族服饰的图案再现了土家人的日常生活，这类符号中的椅子花，土家语称"快毕卡普"，是以椅子为原型创作的。把把架花、桶桶花和盘盘花都是土家人用于装、放东西的生活器具，表明了土家人对生活观察的细腻。同时土家织锦也记录了土家人的生活方式。独特的铜钱花纹样象征着对美好生活的向往，于是土家人开始将钱币作为一种审美对象在织锦中予以表现。背篓花，土家语称"禾乐卡普"，背篓是武陵地区土家族妇女劳作和生活最亲近、最常用的工具。背篓多种多样，有日常家用的细背篓，也有生产劳作的粗背篓，有细巧的小背篓，也有超高的大"扎篓"，还有背小孩子的"站站背篓"和摇窝背篓，象征土家族妇女对自己孩子深深的母爱。这些纹样不用写实的方法，而是将图案分解后重组，表现了土家族妇女对客观事物的独特感悟，是浪漫主义的生动写照。

土家族服饰与土家织锦是土家人的生活实用物品，在生产和制造的过程中凝聚了土家人祈福吉祥、向往幸福和代表着百姓求平安的心声。土家人与河流朝夕相伴，船也成了他们必不可少的交通工具。因此，在土家织锦中我们也常常见到船的纹样（图6-48），体现了土家人对自然生命万物之美的肯定，对生命崇高价值的肯定。在土家织锦中，生活用具的纹样比较丰富，劳动工具较为少见。而织机中的梭子却是例外，有许多纹样表现，如梭子花、方梭子花（图6-49）等。梭子作为女性专用的工具，在纹样中占有一席之地，表现出勤劳质朴的土家族妇女对劳动的赞颂。

图6-48　土家织锦社会物象之船船花纹样

图6-49　土家织锦社会物象之方梭子花纹样

社会物象不仅有生活器具，还有土家人的生活情感。织锦源于人们最基本的生产生活方式，其反映的题材还包括对爱情忠贞专一的歌颂及对子孙繁衍的重视，这些也是民间艺术反映的母题。据史料记载，土家织锦也可充当男女之间的爱情信物。土家族姑娘出嫁时，一定要陪送"土家织锦"。姑娘在出嫁前要织出10~20块被面，这些都是土家姑娘最心爱的事物，编织得极为认真，上面凝结了土家姑娘的全部心血和情感，寄托着对未来美好生活的向往。

三、人文事象符号寓意

土家民族的人文事象符号主要体现在图腾崇拜、祖先崇拜、宗教信仰上，其内容极为丰富。图腾崇拜、祖先崇拜、宗教信仰等的产生来自于土家人对生活环境的不安定感。古时土家先民对自身疾病、生老病死、风雨雷电、昼夜交替等现象缺乏认知，产生畏惧和迷惑，认为是有妖魔鬼怪作祟，需要借助天神或某一对象来帮助他们降服妖魔，以驱鬼降妖、消灾避难、永保安康。因此土家族服饰上出现了表示敬重和崇拜的符号，这类符号是土家先民吉祥意识产生的证明，表达了土家先民追求幸福平安、吉祥如意的美好心愿。土家人信奉的宗教复杂多样，旧时就有图腾崇拜、祖先崇拜、土王崇拜、猎神崇拜以及受汉文化影响的佛教、道教等信仰。这些都在土家族服饰和土家织锦纹样中有所体现。

图腾崇拜，一般来说图腾是由某种植物、动物或非生物演变出来的，是人为创作的形象。图腾最初被土家人当作祖先来膜拜，后来被认作保护神来膜拜。可以说，图腾是土家人的祖先，也是土家人的保护神。图腾的象征符号被虔诚的土家人应用到生活的方方面面，广为传播，之后出现了土家人自己的图腾仪式、图腾色彩、图腾纹样等。土家族的图腾崇拜主要有两种，一是对白虎的崇拜，二是对蛇的崇拜。

在土家族的图腾崇拜方面，"白虎崇拜"的影响更为直接和突出，这主要表现在土家族的"虎"文化上，它是土家族文化中十分典型的原始宗教及民族宗教意识的延伸。关于土家族与白虎图腾的历史渊源由来已久，据《梯玛歌》载，八部大神是喝虎奶长大的，其先祖是虎。"虎"又是英雄形象。敬白虎的这种现象不仅在文献中，在土家族地区出土的许多文物中也有所表现，反映了白虎在土家人心目中的崇高地位，显然具有图腾崇拜的特征。土家族的民间习俗有不少与崇虎有关。如建造房屋时，讲究"虎坐式"，即"一正两厢"的吊脚楼，并要在门柱上雕刻虎头吞口，用以驱邪镇魔；修建新房时，还要在堂屋中柱上贴写有"白虎镇乾坤"字样的红纸，也是希望得到白虎神灵的保佑；敬祭白虎，各地都有白虎庙，以求保佑平安。这种以虎为祥瑞的观念深深地影响着土家民众的日常生活（图6-50）。土家族白虎图腾的信仰中，除了表现"敬虎"的民俗外，还同时存在着"赶虎"的习俗。如凡遇婚丧红白喜事和传统节日，于门口画一白虎，又画一副弓箭，引弓欲射白虎。有人害病时，由土老司念咒语在屋里赶白虎，并将纸扎白虎烧之，以禳灾避邪。土家族地区流行的还傩愿和傩戏中也有"赶白虎"的内容等。这两种截然相反的行为同时存在于广大土家族地区，是由土家族历史发展中族源的多重性引起的。

建始县二台子出土的双虎钮錞于

民间木雕窗花上的白虎

民间铜板上的白虎

渝东南以土家族图腾神和家族保护神"白虎"
为原型设计的土家族族徽

图6-50　土家族民间生活中的白虎纹样（冉博仁提供）

黄柏权先生认为，古代巴人曾讳虎为"斑"，故明清之际土家族称绣虎纹的土布为"斑布"，以为"斑布"是虎皮的象征。土家族喜服斑斓之衣是古代巴人以虎皮护身之续，是土家族图腾崇拜在物质文化上的折光。❶虎形纹样常应用在土家族服饰中（图6-51～图6-53），如儿童盖裙上的"台台花"（又称"台台虎"），以及儿童的虎头帽和虎头鞋，都有驱邪避害的寓意。在湖北恩施地区，男子服装胸前的白虎图案（图6-54），也寓意着希望得到白虎图腾保护和给予人们强大的精神力量。

图6-51　土家族服饰中的白虎纹样1
（冉博仁提供）

图6-52　土家族服饰中的白虎纹样2
（冉博仁提供）

图6-53　土家族服饰中的白虎纹样3
（冉博仁提供）

图6-54　土家族服饰前襟上的白虎纹样

❶ 黄柏权. 土家族白虎文化［M］. 北京：中国文联出版社，2001：177.

在人类早期的文明历程中都会发现，蛇的意象在不同的民族中有着许多不同的色彩。如希伯来神话中，伊甸园的蛇是性的象征；希腊神话中，蛇形象的最基本含义是大地；中国传说中的蛇则演变为最高贵的象征——龙。而无论是希腊，还是犹太民族、华夏民族，蛇又都象征着生育、繁殖。因为蛇既象征男子生殖器，

图6-55　土家织锦大蛇花纹样

又穴居于地下，所以伴随着男性崇拜，产生了祈求人类不断繁衍和得子愿望的生殖崇拜仪式。土家织锦纹样中就有对蛇的崇拜，如大蛇花、小蛇花。土家织锦纹样中的大蛇花不仅仅是一种动物纹样（图6-55），应该还有它更深层的意义，它是土家人寄托生存繁衍的本能理想的信物。生殖崇拜是大蛇花的基本内涵，也寄予了土家族人繁衍兴旺的愿望。

土家族山寨普遍建有土王庙，供奉有八部大王、彭公爵主、向王天子、覃后王等。梯玛（土老司）则是民间的"活神仙"，凡驱邪赶鬼、治病救人、禳灾还愿等，必请梯玛。对土地神、四官神、五谷神、灶神、白虎神、猎神（梅山、张五郎）、树神等，更是顶礼膜拜。由此产生了"土王五颗印"这一纹样，表达了土家人追求幸福的美好愿望。

其他宗教文化的影响在土家族服饰纹样上也有所体现。例如佛教中的万（"卐"）字纹，在土家织锦中有大量的引用，但并非完全照搬，而是经过再加工，将万（"卐"）字纹倾斜45°之后编织到土家族服饰纹样中。这样既能与土家族传统纹样相融合，又能将佛教的符号穿插其中，可见土家族妇女的良苦用心。万（"卐"）的梵文为"swastika"，汉语本意为"吉祥云海"。从目前考证来看，万（"卐"）字纹似应分为两个层次：一方面来自远古的太阳神崇拜；另一方面则或多或少都融入了道教、佛教的某些观念，也许其本身就是宗教的产物。

自然物象、社会物象、人文事象所注入的精神内涵，使土家族服饰变得丰富而有深度，时时处处展现出土家人对美好生活的向往与追求。在历史更替的过程

中，土家人总能不断革新进取，让土家族服饰随着时代的步伐不断向前发展，展现出不一样的土家族服饰风情。

土家族服饰与土家织锦的纹样寓意着吉祥的文化，如其他民间艺术一样，可以说每一个服饰图案和每一块织锦纹样都是赞颂及传达衷心至诚的祈求与心愿的佳作，是传达祈福的内涵和表示热烈美好祝福的记载。在土家族服饰中，无论是独特而富有趣味的边花纹饰，还是五彩斑斓的土家织锦纹样，都传递出土家民族特有的民族风俗和生活文化。

第七章 巾帕银环 别有风韵

　　一套完整的着装，除了基本的衣服和裙、裤以外，还包括鞋帽与附加在人体上的各种装饰品以及人的装扮。同样，一个民族的服饰也离不开这些装饰品与装扮。服饰的精华有时往往会集中体现在一些各具特色的装饰品与装扮上，如发式、头饰、耳饰、项饰、手饰、扣饰、胸饰、腰饰、脚饰及巾、帕、包、佩刀等佩饰。少数民族服饰的装饰品和装扮是与其民族生活密切相关的，是民族服饰文化的产物，也是民族服饰文化的重要载体。

　　从土家族服饰发展的历史来看，其服装的款式造型、材料工艺的制作、色彩的喜好、纹样图案的选择，整体上趋向于朴素大方、简洁干练，表现了土家人崇尚朴素的服装审美观念，然而这丝毫没有弱化其服装的审美功能，特别是在装饰打扮上，显示了土家人别具一格的审美情趣。从男女包头的巾帕到造型稚拙的儿童鞋帽，从斑斓五彩的围腰到纹样丰富的绣花鞋垫，从俏丽的土家银饰到少女的高髻螺鬟，这些琳琅满目、丰富多彩的装饰装扮，反映了土家人追求美、表达美、创造美的审美品格，不仅为土家服饰增光添色，还成为土家民族服饰个性特征的重要内容。

第一节　别具一格的包头妆与"上头"髻

　　在土家族的服饰装扮中，包头巾无疑是最具有特色的，这是一种将长条形布帛缠裹而成的环形头衣，土家人多称为"帕子头""包头帕"或"帕子"，是土家族传统服饰中极具民族风格的元素之一（图7-1）。这种装束历史悠久，在土司时期就已经形成，明清时期的相关文献已有所记载。明正德年间（1506—1521）的《永顺宣慰司志》载：（土民）"男女垂髻，短衣跣足，以布勒额"，清康熙《慈利县志》载："今近蛮峒妇人皆用方素（帕）蒙头"。清乾隆《永顺府志》卷一："土司时，服饰不分男女，皆一式头裹刺花巾

图7-1　山寨里的土家人

帕"，在同书的卷十中也有："土民散处山谷间，男女短衣跣足，以布裹头"，这里的"以布勒额""蒙头""头裹巾帕""以布裹头"都是对包头妆的描述，而且表明男女都有这种习俗，只不过是在巾帕的颜色、长短、样式以及功能上有所不同（图7-2～图7-5）。包头帕是土家族人的头部衣文化的主角，土家族少年男女成年后开始使用包头帕，因而帕子头是伴随土家族人一生的饰物，是土家族人衣生活的重要内容。

一般来说，土家族男女的头帕多以黑、白为主，布料多为棉、丝，男子包头起初多用白布，后来改为黑布或青丝帕。包头帕是一种用当地土织布机织出的棉纱白布，再经过青染后的布，也有用市场上出售的比较粗糙的白棉布拿来青染后使用的。包头帕2.33～3米，在额前裹成"人"字形式样。其包缠的方法，就是右手握住一端的耍须，将头巾挶于头后，向左裹去至左耳后，左手执头巾向右缠去，一上一下，在额头上形成人字，又称为王字头。部分土家族地区还会抽去两端的纬线，形成须子，即所谓的"耍须"。耍须在左耳后垂下，长约6.67厘米。这种头饰，现在还有很多地区的土家族男子使用。俗话说"裹腿打的人字路，头巾包的人字形"，都突出了一个"人"字，更寄托了土家人重视塑造良好人性品格的性格特点。

图7-2 男子包头帕

图7-3 男子包头装（摄于恩施土家族苗族自治州博物馆）

图7-4 土家族老年女性包头帕

图7-5 女子包头装（源自国际摄影网）

因地域和习俗的不同，包头巾的样式也有所区别，有的地方包得如小斗笠大小，在黔东北包孝帕时，方法则与之不同，要遮住头顶，后边拖约66.67厘米长的帕头。男性的头帕除了趋寒避暑的功能外，还可根据需要用于擦汗、包裹东西、扛抬重物时垫肩等；也可在劳动时，作为腰带拴在腰部，既可以增加腰部的力量，显得人干练、精神有力，又可以作为临时别挂东西的地方，如别镰刀、斧头等。此外，在贵州江口、铜仁、沿河思渠、客田、德江高山部分地区的土家族男子的头帕形式是一种青色大风帽，帽后有一尺见方（33.33平方厘米）的白布及肩，布上绣龙、鸟、虎等图案，布边滚栏杆花边，❶这种兼具装饰性的头帕别有一番风味。

土家族女子与土家族男子一样头缠包巾，而且一般多为已婚妇女的头饰，颜色通常是黑、白两种颜色，也有刺花巾帕，只是黑色更为流行，尺寸更长，盘形更大。由于尺寸长，要求质地轻巧，因此多用黑色丝巾，由于染色技术的限制，过去的丝巾一般都为黑色。湖北建始民歌《黄四姐》中所唱的"黄四姐，我给你买了一根丝帕子"，即指这种黑色丝巾，丝巾巾头跟男子一样朝下，包法与男性不同，不能采用包缠绕式，而是用叠绕式，即先要将2米长的头帕用米汤浆洗晾干，以增加硬度与平整度。在包上头之时，要将帕子折叠规则、整齐，折叠后宽度相较于男性头帕要宽一些，不同的是帕头留于右侧，部分地区不露头顶，主要是为了便于劳作和生活。

武陵地区高山林立，土家人大都生活在远离村庄的山上，当妇女们在山地耕作和播种农作物时，风会把盘好的发髻吹散落而遮蒙双眼，在双手无暇撩掉归拢时，用巾帕包住头发便能起到很好的保护作用。另外，防晒也是包头帕的一大功能：头帕悬垂下来的部分可弥补矮领上衣的缺陷，遮挡低头时直露的后颈，同时还可防护田间灰尘和飞虫钻入耳孔、头发中；天冷的时候可用来防寒保暖，包裹住头部躲避寒风侵袭，又避免在给稻谷脱粒时草屑飞尘沾染了头发。因此，不论春夏秋冬，包头帕都是土家族妇女们必戴的一种头饰，对于在田间劳作的妇女显得尤为重要。由此可见，包头帕的习俗是因地制宜，以顺应当地区域经济文化类型的生态环境。这种服饰装束不仅实用、美观、经济，而且颇具情趣。

另一方面在头饰中占据着重要地位的头帕，无论就形制还是色彩，形式感都

❶ 田永红. 黔东北土家族服饰文化[J]. 贵州民族学院学报（社会科学版），1991（3）：80-85.

很强，十分引人注目，广泛流传于土家族妇女中。经过时间的洗礼，妇女头帕的款式、色彩慢慢地也具有了标志年龄婚姻、社会地位的文化功能。如没有结婚的姑娘不包头帕，少数地区如贵州铜仁的土家族未婚女子包帕子时，发辫下垂或将发辫盘于头顶，并留出长鬓角；已婚女子于后脑勺处盘高巴转，然后用网缬罩在高巴转上，再横插银质的簪子、竖插银质的"别别"（土家语），不留鬓角；中年妇女包头帕尚粉红色、蓝色，平时都是大蓝布；中年以上妇女流行缠两条帕子，内缠白色，外缠黑色，以此显富；老年妇女的头帕尚青蓝色（图7-6、图7-7）。这样一条头帕是妇女陪伴终生的物品，死后一定会以帕缠头安葬。土家民族在长期的农耕生活中创造出头裹巾帕的装束（图7-8），既满足了实用功能，又极具装饰效果。数百年来，它经久不衰，已成为土家族服饰的重要组成部分。由于巾帕位于人的视觉中心，尤为醒目，因而包头妆也具有了土家族服饰文化的一种标志性的符号意义。

图7-6　正在包缠头帕的土家族老人（2018年摄于恩施州利川县）　　图7-7　土家织锦传承人张显兰（源自《西兰卡普的传人：土家织绵大师和传承人口述史》）　　图7-8　割麻归来的土家族老年妇女（2016年5月摄于利川大塘）

在土家族女子头部的装扮中除了包头妆，发式也极具特色。有文献记载，明末土家族诗人田圭这样描写："高髻螺鬟尽野妆，短衫穿袖半拖裳"，显示出土家族少妇独特的装束风格。同包头妆一样，发式也根据不同的年龄而有所变化。民歌唱道："阿妹头发二尺八，梳个盘龙插鲜花"，没有结婚的姑娘不绾发，头上别着带花样的发夹，搭挑花方巾，在额上伸出一束齐眉头发，并梳八字云鬓。梳着粗而长的大独辫子，辫梢扎着彩色布条，吊在背上，这样她们一旦动起来，辫子就会随身摆动，摆出了万种风情，显示出少女的健美和青春活力。

对于即将要出嫁的土家族姑娘，一般要做"上头妆"。上头的发式一般有三种：第一种是挽"粑粑鬏"，就是把新娘的头发在后脑扎成一条独辫子，再把辫子在后脑一圈圈地盘绕，用别簪绾住，如同一个圆圆的粑粑；第二种是缠"麻花头"，就是把新娘的头发在脑后编成四条辫子，再将四条辫子合编成两条，然后将两条辫子上下折叠缠绕用别簪绾紧，像四个紧密排列的麻花糖；第三种是盘"太极头"，就是把新娘的头发在耳轮边分成两股用红头绳扎住，再将两股头发在脑后

图7-9 白色布帽子（2017年摄于利川沙溪）

相交盘成一个圆圈，形如阴阳八卦太极图，头发盘成后再罩上青丝网头套，包黑布帕或青丝帕，成"锅螺圈"形。

除此以外，青年妇女头饰只罩发网；中年妇女头饰简单，捆巴髻；过节或走亲戚，巴髻上佩戴花朵。❶在一些偏远地区，许多老年人还保留着远古装束的遗风，在头顶仍绾椎髻，俗称"螺丝鬏"。随着社会的变迁，土家族妇女的发式也在不断地发生变化（图7-9）。

第二节　低调奢华的土家族银饰

我国少数民族众多，各自都保持着不尽相同的服饰习俗和穿戴艺术，这一点在银佩饰上便可表现出鲜明的个性。在南方少数民族的服饰文化中，银佩饰普遍被认为是吉祥、光明、美丽和富有的象征，它如同皎洁清丽的月光，照亮了人们的生活和世界，唤起他们心灵中的力量，带来美好和希望。其中苗族银饰最具有代表性，它以形式多样、内容丰富著称。苗银作为苗族服饰的重要组成部分，在苗族女性服装中，是一种较为普遍并广泛使用的高级饰品，也是苗族盛装的重要饰物。也许是土家族与苗族长期混居在一起，受其影响，在土司时期土家人就开始佩戴银饰，改土归流后品种更为丰富，这一点在许多文献资料中均有所记载。清乾隆《永顺府志》卷十"风俗"载：（土民）"喜垂耳圈，两耳累累然；又有项圈、手圈。"清同治《龙山县志·风俗志》载："妇女喜垂耳环，两耳之轮各饰之

---

❶ 李克相. 土家族传统服饰及其文化象征——以沿河土家族自治县及周边地区为例[J]. 南宁职业技术
　学院学报，2010（2）：23-27.

十饰，项圈手圈足圈，以示富裕。"民国《永顺县志》载"男女耳留垂环，大者如镯，以多为胜"等，从中可以看出土家人虽然衣着简陋，但仍在身体的许多部位佩戴饰物，体现了他们对自身装饰美的追求。与苗族相比，土家族的银饰品在服饰中不是主要的。它没有苗族那样穿金戴银的贵重，也没有苗族的张扬与炽烈，而是更为朴实和贴近生活，散发出一种朴中见俏的韵味，同时还显现出一抹点睛之笔的精彩，这是土家族不刻意用银饰去代表其文化的内敛性格，而是借鉴或相融文化的反映。

土家族的银饰虽不像苗族银饰那样丰富，但也都有特定的形制，以及与服装搭配的固定模式。在这特定的模式之内又隐现出无数细节上的变化、"大同"之内极为精彩的"小异"，适应了着装者不同年龄、各种佩戴方法上的变化要求（图7-10）。如少女自幼穿耳戴圆圈式的大耳坠；再如未婚姑娘盛装时，耳坠"瓜子""灯笼"银耳环，手戴钮丝银手镯，胸前挂"牙签""扣花"，上系银链、银铃、银牌、银珠一大串，行走时叮当作响；而已婚妇女习惯在头上戴大小不同的银质花枝，胸前向右开襟处戴一挂长牙签，手指上戴银质戒指，手腕上戴银质扭丝手镯或空心花手镯；家庭比较富裕的土家族妇女亦佩戴银质项圈，有粗细之分（图7-11）；也有的妇女手腕上戴银手圈和金戒指。

图7-10　戴银饰的土家族妇女（唐克立提供）　　图7-11　清代官宦人家银饰（2017年5月摄于恩施土司城银饰展厅）

与苗族妇女相比，土家族妇女的银饰虽然不如她们那么丰富，但也不妨碍土家人追求一种精致的美，并将这些有限的银饰有序地装饰于全身各个部位，这些银饰品类齐全、花色多样、制作工艺精良，包括头饰、耳饰、项链、胸饰等首饰（图7-12、图7-13）。

图7-12　土家族女子银饰

图7-13　土家族女子银饰（恩施土家族苗族自治州博物馆藏）

　　土家族妇女银饰中花样最多的要数头饰，包括金或银质的莲蓬花、撇簪、银梳、凤冠、插簪、银帽、瓜子针、茉莉针、芭蕉扇等（图7-14）。头饰中最珍贵的是银帽，俗称"箍箍帽"。帽前是一个银宝花，银宝花两面钉上一对龙，龙后一对凤，凤后又一对龙，龙后一对银帽襟，襟下缀凤九只，凤口各含银摆坠三颗，行走时摇晃，闪闪发光。凤冠是土家族贵族妇女的饰物（图7-15、图7-16），其他皆为一般妇女佩戴的装饰。而最特别的要属新娘的头饰，"花圆酒"那天，新娘要开眉，绾巴髻，亦称高巴髻，额上头发要收拢。髻上插簪子，戴匝心花，高巴髻的左右两边各戴一朵银质的后围花。另外，还要在上插一根有梅、菊、牡丹等三种花的花扦，在额前围戴"勒勒花"，其形为三个指头宽的布带，正中上缀有玉石做的花，四围是银质花朵，头顶插有银质麻花、"银镶玛瑙抽心花""巴耳花""玉石花"或"石榴针"，整个头饰高耸入云，行走起来头上饰物就如花枝摇曳。中青年妇女头饰较为简单，捆巴髻、插发簪、包对折帕子，走亲戚或过节时，戴银质压发（一种搭配发簪、固定发髻用的弧形银质头饰），巴髻上亦佩戴花朵。中年妇女与青年妇女的头饰区别不大，只是一般不佩戴花朵，只罩发网。土家人盛装时佩戴的头饰称为插花草，是把一枝枝做好的银质花草插在白色的包头帕上。其中满头花的插法是：先在发髻上斜插各式花草，与长长的发簪交相辉映，以盖满所有头发为好；然后在包头帕与发际之间竖插一圈花草，前额至两耳以花草为主，两耳之后，则插以花草和有铃铛的饰品（土家人称"响铃"）。也有只插两耳至额前的，脑后不插，这种插法要特别注意花草与白帕子的流线型美感，即额前的花较长，向两边依次插较短的花，使其不至突兀。

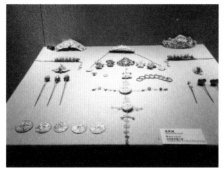

图7-14　土家族女子头饰　　　图7-15　土家族传世金凤冠（恩施土家族苗族自治州博物馆藏）　　　图7-16　金凤冠细节（恩施土家族苗族自治州博物馆藏）

　　土家族女子除发髻上佩戴银饰外，在着盛装时还会戴各式各样的金银发花和银耳饰，耳饰有银质的耳环、耳圈、耳坠、耳花等，其中耳环则是过去土家族男女皆喜欢佩戴的首饰，且以多为美。土家族女子到十二岁时必须穿耳朵，便于以后戴耳环、耳坠等装饰品。穿耳朵的日子一般在农历二月的花朝节。据传说，这天穿耳朵不化脓，因为有花神保护。耳环、耳坠式样很多，有银质的龙耳环、一包针、灯笼、单环、连环、吊船、瓜子、鼓锤等，一般由当地匠人打制。有的穷家女买不起耳饰，往往找来几根彩丝扎成小圈戴上，在耳边摆去摆来，具有一种朴素、清新的风味。

　　胸饰皆为银质，包括牙签、扣花、银链、银牌、银铃、银珠子等。牙签挂于胸前右方，为土家族妇女喜爱的银饰兼实用之物，上面安有小银圈一个，便于套挂在胸口上，中央为打制的虫鱼鸟兽及植物藤草连缀其间，下端吊有耳挖、牙签、马刀、叉、剑、针夹、铲等小银器物，是土家族新娘出嫁时的必备之物，富者亦有用金质的。

　　除此之外，有些地区的土家人着盛装时会在右胸前的第一个衣扣上挂花牌。花牌也用银打造，以一根银链挂一个花牌，花牌下挂各式小物件，如铃铛、"瓜瓜米"、针夹、剪刀、牙签、装饰性钥匙等，有二台花牌、三台花牌和五台花牌之分。二台即有两个花牌，也就是在第一个花牌之下再挂一个花牌；三台、五台以此类推。有的在第二个衣扣上还要挂一个花牌，以显其富。在小小的花牌上，不仅有各式各样的花草图案，而且还有仙鸟仙兽，复杂而又细致。远看时，花鸟兽活灵活现，立体层次感极强，其盛花如刚开，其花蕾欲吐放，其鸟似飞翔，其兽似花草中漫游。而近看却不名其花草，也难说其鸟兽，似像而非，似非而像。

此外，土家族妇女也十分注意手、足的装饰美。手饰较多，且颇有特点，手饰分银质与玉石的手镯，制成蒜苔等形状，手指上带有三镶戒、一颗印、单股子等金银戒指。盛装中的手饰称"满天星"，其饰法为：十个指头皆要戴上戒指，土家人称之"圜圜儿"；两手戴手镯，称"圈子"，手镯配有小铃铛，常为九个，多则为十三个。

相对女子来说，土家族男子盛装要简单得多，头上银饰仅为银簪，手上和脚上、鞋上皆没有铃铛和悬坠物件，除这些以外其他饰件基本与女子相同。

土家族男女的盛装打扮，反映的是土家民族的精神追求，也涉及儿女们的婚事及其一生的幸福。特别是在许多礼仪场合，如土司朝贡必着盛装、家族中有重大如祭祀和参与国家的征战等事件必着盛装（图7-17）。因此，银饰工艺技术成为土家族传统的手工技艺，银匠这门职业在当地也颇受尊敬。

图7-17 盛装打扮的"土家兄妹"组合

在土家族银饰的发展过程中，随着改土归流后土家族与汉族之间文化交流的日益频繁，土家族的金银佩饰与汉族的金银佩饰在款式、种类的同一性上也越来越强。如土家族的耳环、手镯、戒指等佩饰基本上与汉族的相同，不像苗族银器那样丰富而独特。无论是一般妇女佩戴的耳环、手镯、戒指等饰物，还是土家族贵族妇女佩戴的金凤冠，都折射出土家族大量借鉴汉族传统服饰文化的历史，可以透过土家族传统服饰看到土家族与汉族文化交流、融合的历史轨迹。

土家族妇女佩戴银饰多在重要节日和特定场合，平时仍然是天然去雕饰，正如一句土家族俗谚所云："好吃不过茶泡饭，好看不过素打扮。"尽管土家族妇女的银饰种类为数不少，但它的造型样式，无论一花一草一虫一鱼，都是土家人对天地大美的感悟与描写。尽管它们在数量上并不显得那么豪华隆重，但是土家人一定不惜耗费创造美的才情，他们会把银的使用数量上的相对少，升华为审美感受上的多，体现出"点到为止"的最高境界，精彩而不张扬。

第三节　琳琅满目的衣装配饰

对于土家族来说，衣服与饰品相依相存，共同构成完整的形式，缺少任何一方都不足以体现土家民族的服饰美。其中的配件更让我们领略到土家族服饰中所包含的美的形式和丰富的历史文化内涵。

这些配饰品中除了头饰、银饰等佩饰外，还有腰饰、绑腿、鞋及绣花鞋垫等服饰品。土家族的腰饰是南方民族常见的服饰，包括围腰、板带、烟袋等装饰之物，在男女的服饰配件中分别具有不同的功能和意义。

土家族男子的服饰配件中，板带（即腰饰）是土家族青年男性喜爱的装饰兼实用之物（图7-18），通常由未婚女友赠送，上面绣以各种精美的花纹图案，是土家族男性进入成年的重要标志。土家族男人还有系围裙的习惯，一般系三幅围裙，这是一种由三层重叠的蓝布或白布构成的特殊围裙，起到挡风保暖、保护衣服整洁的作用，或在抬重物时用作肩垫，或在地里劳动休息时当坐垫用。

图7-18　腰带

土家族男人还喜爱打绑腿，中青年男子打裹腿（即绑腿），与老年人不同的是，裹腿纹路除圈纹外还打人字纹，显得人精干雄健，不仅活动方便、能够保暖，还对小腿有保护作用，再穿上特制的鞋子，适合于"赶仗"（即一种围猎方式）、"背脚"等活动，尤其适合山林穿梭跋涉。

　　过去，贵州铜仁土家族成年人和小孩常年跣足，俗称"光脚板"，只有老人或与外人交往、出远门、扛抬重物时才穿鞋。即使现在，有些地区的土家人仍喜"打光脚板"，特别是在夏季和下田耕作时。20世纪80年代前土家人所着之鞋一般为布鞋和草鞋两类。土家人所穿的布鞋，皆为女性自制。布鞋的制作工序为捡笋壳、制式样、铺棕丝、粘浆壳、纳鞋底、绱鞋帮等。捡笋壳，是把当地盛产的尺竹竹笋上剥落的皮捡回、去毛和过水铺平等，目的是防止鞋底渗水和增加鞋底的硬度；制式样是由于土家人从不做相同的鞋样，只依据具体的对象采集脚样而制作鞋底的式样，故而土家族女性在制作鞋子时，必定要采集脚样后方用笋壳剪出鞋的式样；铺棕丝是指在做出的式样两面皆铺棕树之皮，以增加鞋底的耐磨性和透气性，当然棕皮也可以增加舒适度；粘浆壳是指把零碎的布条或布片用糨糊粘接成一整块硬挺有形的布面，能有效利用制作衣服所不能用的碎料；纳鞋底是指先把浆壳粘在用棕丝和笋壳制作的鞋底式样两面，四至八层不等，然后再在底面粘上二至四层完整的布面，上面粘上一至二层布面，晾干后，用手工搓出的麻线一针一针地把鞋底板纳结实；绱鞋帮先是用布壳剪出鞋面，再在里外加上一层布面，缝制在鞋底上，俗称"绱鞋"。这样，一双土家布鞋就算完成了。这种布鞋多由做衣服的边角料制作成型，过去由于成品布鞋难以寻觅，且耗时又费力，故而相对价格昂贵，一般在家中只有年老和年长之人，以及与外人交往或出远门时才会穿在脚上。随着土家族社会生产力的进步和文明程度的提高，鞋也逐渐成为土家族人的生活必需品。

　　草鞋多为糯谷草鞋、麻耳草鞋、布耳草鞋和竹草鞋，皆以土家族地区常见的棕绳为经，以糯谷草或竹青为纬（图7-19）。其耳若用麻绳所制，则称麻耳草鞋；用布条所制，则称布耳草鞋。由于其材料多取自于当地，无需另外花费，故绝大多数土家族男性皆会编制草鞋。根据时间季节和功能的不同需要，土家人所穿的草鞋也会随之变化。春夏之交到秋天，穿用稻草和桐麻编的草鞋，以方便除湿或雨季时利于在水中行走，以及满足酷暑凉爽的需

图7-19　草鞋和草鞋架

要。加入桐麻编制，一方面是结实耐用，另一方面是桐麻编制的草鞋沥水性能好，同时穿桐麻编制的草鞋可以保护脚不生脚疾。土家族男子在冬天的时候穿满耳草鞋，并穿上布筒袜子，这样可以保暖不至于生病；在劳动中穿偏耳草鞋和竹草鞋，以方便生产活动的需要；而在闲时根据季节气候和家庭经济情况常穿用麻编制的凉草鞋或自制布鞋。另外，下雪的时候穿自制的不透雪水，而且防滑的牛皮钉鞋。从这些习俗都可以看出，土家人崇尚简朴、因地制宜的传统美德，给我们现在的生活带来了更多启示。在今天的土家族生活中，这些自制的草鞋虽仍然存在，但也仅限于较偏僻的农村地区。

土家族妇女的服饰配件中，女性腰饰不同于男性的"板带"。她们胸前都要外套（戴）围裙，也叫"妈裙"，俗称"吊把裙"（图7-20），是土家族妇女喜爱的实用且富有装饰效果的配件。一年四季都喜好穿戴，这种围裙不像男子的"板带"只是为了便于劳动，而是除方便劳动、冬天保暖外，还增加了服饰和整个身段的美丽。

图7-20 "吊把裙"局部

其形制较长，上小下大，上部因窄小只遮住胸间，突出了胸腹部，使女性特点展露得更充分。这种围裙除方便劳动和彰显女性的美丽外，还有方便妇女哺乳的功能，围裙上部因未遮住衣服的衽口，将衽口扣子解开便可给小孩喂奶。围裙上多装饰有花纹图案，常采用两种绣花，围裙头部为彩绣太阳花，中间为十字挑花如意锁花纹，象征美好、万事如意，恰到好处的点缀，显得干净利落而不花哨。在土家族中流传着一句顺口溜，"三幅围裙白布腰，打得粗来进得朝，棉花织的家机布，人不求人一般高"，生动地描绘了三幅围裙的功用和穿着者的自豪感。

土家族成年女性皆着鞋，故在许多地方，称已婚妇女为"穿鞋的"。其鞋的制作与男式布鞋制作工序基本一样，不同的是女式布鞋前端微尖，在鞋帮上有刺或挑的花朵、花枝（图7-21）。过去的恩施土家族女人穿鞋跟男人一样，穿草鞋、布鞋，不过布鞋为方口襻带鞋，有的喜欢在鞋头上绣上花草动物，但与土家族女人围腰上的绣花一样，也只是点到为止，不喜欢"大朵朵"和"满堂彩"。土家族少女和妇女们的鞋比较讲究，除了鞋口滚边挑"狗牙齿"外，鞋面多用青、蓝、粉红色绸子制作，鞋尖细小上翘，正面用五色丝线绣各种花草、蝴蝶、蜜蜂作为装饰，其种类多样，有船头鞋、气筒鞋、鲇头鞋、圆口鞋、翁鞋、钉钉鞋等（图7-22、图7-23）。

土家族姑娘从小就会学"扎鞋"（方言说法，即纳鞋底、做布鞋），一旦她们学会了制鞋，便会把衣裙中的挑花绣朵运用于鞋面，制作出各种精美的鞋（图7-24）。到了十八九岁时，如果有姑娘看上哪个小伙，她就会"扎"一双布鞋表心意。有句民谚道："姑娘长得乖不乖，就看一双绣花鞋。"能否做鞋成为衡量一个姑娘是否心灵手巧的标准之一。这种鞋的鞋底全用白布粘贴，表示纯洁无瑕，鞋面用青布做成美观大方的"圆口"式样，表示"圆缘"。姑娘还用手帕包鞋底，以免手心出汗，弄脏鞋色。其针脚密细、纵横成行，使用了青、蓝、白、红、绿、

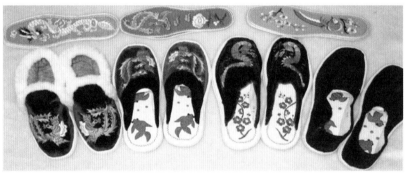

图7-21　恩施咸丰绣花鞋、鞋垫

图7-22　筒筒鞋　　　　　　图7-23　土家族布鞋　　　　　　图7-24　土家族绣花布鞋

黄、紫等多色线，鞋中间用手工纳出花纹、文字或图案，融入了姑娘的情谊，叫作"有心鞋"。当姑娘将自己缝制的新鞋连同一双精美的挑花鞋垫交给小伙子时，小伙子因心上人的心灵手巧而深感幸福。而土家族姑娘在订婚后，为情郎赠送的礼物除荷包、彩带外，最珍贵的就是布鞋。出嫁前，姑娘日夜赶制鞋，留予父母兄弟，赠送夫家长辈。在贵州沿河土家族自治县淇滩一带的土家族姑娘，在送给情郎定情鞋时，还会将自己的鞋套在新郎鞋中，表示婚后姑娘的妊娠反应其夫会代替，减轻姑娘的痛苦，表达夫妻同甘共苦的愿望。❶

在土家族居住的地方，经常可以看见女人们手持针线、三五成群地坐在一起纳鞋垫，这种传统的手工技艺一直沿用至今（图7-25）。土家族女性制作鞋垫，最初是为了增加布鞋的使用时间，即让鞋底里面的面子布不受损坏，俗称"鞋（当地方言读为hái）底板"。这种鞋垫的制作，先用面粉糊布壳晾干，再用纸剪出鞋垫式样，画上格子后，以青、蓝、白、红、绿、黄、紫等多色线，手工纳出花纹或字图案。图案外形为直线，构图饱满，色彩鲜明。鞋底板一般要绣上花样，如万（"卍"）字格、之字拐、福字或一些较易完成而又代表吉祥美好的花草图案。如果鞋底板是为心仪之异性朋友所做，则其花样较为复杂，如百"福"、牡丹、桃花、芍药等吉祥的簇花图案，再复杂就是仙鸟、神兽，以及各类神仙图案。如是为未婚夫制作，则多为鸳鸯、双鱼图、八哥、并蒂莲、双喜等图案。如果为家人所做，则多为福禄寿喜。这些图案制作，皆为制作鞋垫的女性凭心中的想象和设计，用心制成。尽管从表面来看，似乎相同，但仔细观察却没有相同的第二件作品（图7-26）。特别是未婚的姑娘，更是在这上面无不尽

图7-25 布鞋摊（2018年2月摄于湖北利川大众广场）

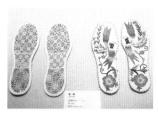

图7-26 恩施利川鞋垫

❶ 李克相. 土家族传统服饰及其文化象征——以沿河土家族自治县及周边地区为例[J]. 南宁职业技术学院学报，2010（2）：23-27.

展其聪明与才艺。土家族老人以自家有一个这样的女孩为荣，丈夫则以有这样的妻子为美，少年更以有这样的姐妹为乐。所以土家族布鞋的鞋垫，与土家族女性围腰一起，集中反映了土家族人日常衣饰的重要特征。这日常衣饰中的一隐一显现象，也反映了土家族人的追求与精神。

土家族人的很多配饰在具有装饰作用的同时还象征一种爱情信物，以及绣花鞋垫、长巾、筒帕、方巾、香袋等都具有美好的寓意，它们是土家族姑娘赠送给意中人最珍贵的礼物。小小针线（图7-27、图7-28），针针含心血，线线扣情感，不论是一个绣花的香袋，还是一块挑花的方巾，都凝聚了土家姑娘对美好未来的期望和对情感最直接的抒发。

图7-27　各式各样的土家族饰物（冉博仁提供）

图7-28　褡裢

第四节　稚气可爱的童鞋童帽

在土家族服饰体系中，儿童装束也十分讲究，一件口水兜，一双"粑粑鞋""猫头鞋"都会经过精工挑绣。那一幅幅精致的挑绣品，如婴儿背带、围裙或围帕上的图案都很有讲究，有的围帕上挑花，或用汉字挑上长辈的祝福等，每一处细节都释放着母亲对孩子的殷切关怀和浓浓母爱。

儿童装束分为帽子、衣裳和鞋三部分，其中最具特色的、最受土家族人重视的是童帽。在小孩出生前几个月，小孩的外婆就开始为其缝制帽子，当小孩出生报喜后，小孩外婆会把早先准备好的婴儿服和童帽，连同各类礼物挑至外孙家，并亲手把童帽给外孙戴上，同时送上给外孙的祝福。

童帽中代表性的猫头尾巴帽，常为圆形，分帽檐、帽身、帽顶，有前后之别。前部帽檐从眉心至两耳，皆饰以银质佛像，而眉心则为观音坐像，以十三尊坐佛为数。佛像两侧钉有十八罗汉像；或以两根银链悬以各种小件银饰品；也有悬珍珠串为饰的；也有悬以彩色丝线绒球为饰的；也有挂以五角彩色包为饰的，五角包的各个角再悬挂五色小穗。后部帽檐则先饰以黄色丝穗，再悬以银链、铜链或者珍珠链垂挂的银质铃铛，以五、七、九为数。帽身为黑质底布，四周绣彩色云纹、卷浪纹或富贵形花蕊纹对称图案。帽身前部常有富贵双全的银质花片一个，位于观音像的上方。帽顶部一般由黑质绒布构成，顶部正中常饰以各色丝绒制成的绒球。女童帽与男童帽的差异，在于其后面的悬挂铃铛为双数，以四、六、八为数。这种童帽目的不是显富，主要是表达一种菩萨保佑小孩健康成长的美好愿望。

还有一种虎头帽，仿照虎头的形态，通常被认为是白虎崇拜的宗教遗存，表达希望得到白虎图腾保护的愿望。帽子两侧至两腮前有银钩，用于小孩系帽用；帽顶两侧是用白兔毛做成的虎耳，上前挂银铃。虎帽整体用大红绸缎做面料，前檐绣有一个"王"字，后脑绣有双龙抢宝等图案，老虎胸前持有金锁银牌，上打有"福、禄、寿、禧"字样，帽后悬有"金链银梁"（虎头帽的部件，垂于脑后的链子连缀装饰）。也有按季节确定的帽型，如春秋戴"紫金冠"，夏季多戴"圈圈帽""蛤蟆帽"、凉帽，冬季戴"狗头帽""斑鸠帽""鱼尾帽""风帽""冬瓜帽""凤尾帽""八角帽"等棉帽。比较典型的如斑鸠帽，冬天用，外用青布、内用红布、中间垫棉花，脑后有披风齐肩，额前和披风均绣"斑鸠上树""喜鹊闹梅""凤穿牡丹"等图案。再如狗头帽，帽侧有护耳，似狗耳，额前以五小块白布缀饰，小白布以红线绞边，中间一块较大，绣狗头图案（亦称虎头），其余四块小白布分别绣上花鸟草虫，也常见四块小白布不绣图案，红边白里，缀在青色帽面上也很漂亮。这些帽子上除用五色丝线绣"喜鹊闹梅""凤穿牡丹"和"长命富贵""易养成人""福禄寿禧"等花鸟和文字外，还常在帽檐正面缝上"大八仙""小八仙""十八罗汉"等银菩萨之类的人物图案，帽顶或帽后缀银铃、虎爪。这些充满童趣的、装饰多样的帽子（图7-29～图7-39）反映出土家族人对美好生活的寄托。

此外，土家族儿童不管是手上戴的、身上穿的，还是脚上穿的都有相应的配饰。如儿童手腕上的银圈常吊有空心银锤和银铃；有的小孩戴项圈，用银链系一鸡心形银牌，并镂刻有"长命富贵"等吉祥字样，称"百家锁"；儿童身上穿的挑花肚兜针工细致、纹样精美、寓意吉祥；儿童脚穿"老虎鞋""粑粑鞋""猫头鞋"（即虎头鞋，土家人称虎为"大猫"）（图7-40），均绣五色花卉。其中老虎鞋，通常用红绸缎做面料，鞋尖向后翻，两耳插上兔毛，前绣一个"王"字，两侧绣花。土家族部分地区崇虎，小孩穿戴虎帽、虎鞋是受虎的"保佑"，邪恶不敢侵害，即避邪壮威，既可使小孩显得天真活泼，又显得伶俐威武。不管是帽子还是鞋子，既可以看出土家族女性的刺绣水平，也体现出了母性对孩子的内心情感，希望自己的孩子无病无灾、健康快乐地成长，表达了对孩子的美好祝愿。

纵观土家族服饰的装饰配件，并非是一种孤立存在的艺术形式，它的生命力度、它的灵性凸显，都糅进了民族服饰本身的文化意味与特定的审美需求。这种物化的形态承载了一个民族内部原始观念的传承，以及诸多精神因素的表现，包括一个民族服饰文化个性特征的重要内容。衣装配饰并不能像文字一样去直接描述这种生命体验，它是隐性的，又是直观和个性鲜明的；它是热烈奔放的，又是委婉含蓄的。五彩土布和俏丽纹绣之上的挂金缀银，在行止垂摆之间，早已慰己撩人。

图7-29　各种样式的土家族童帽（恩施土家族苗族自治州博物馆藏）

图7-30　黑缎地平绣花卉纹夹帽（恩施州文化
中心民俗博物馆藏）

图7-31　粉缎地平绣花鸟纹夹帽
（恩施州文化中心民俗博物馆藏）

图7-32　儿童刺绣八仙帽

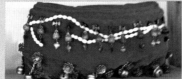

图7-33　儿童印花风帽（恩施土
家族苗族自治州博物馆藏）

图7-34　银饰帽子

图7-35　银饰童帽

图7-36　土家族银菩萨童帽

图7-37　红缎银饰儿童风帽

图7-38　黑锻银饰儿童风帽（湖南
龙山）

图7-39　银饰儿童狗头帽（湘西永
顺老司城遗址博物馆藏）

图7-40　虎头鞋（恩施州文化中心民俗博物
馆藏）

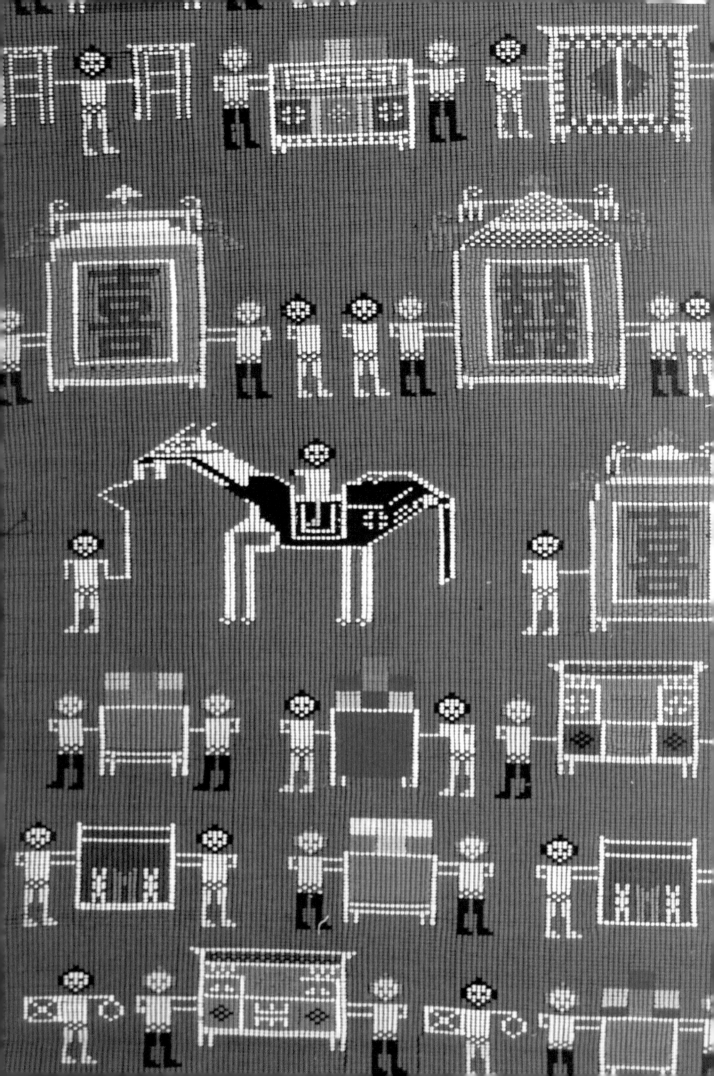

第八章

祭祀祈福 巫风奇俗

民间的风俗习惯是一个民族中广大民众所创造、享用和传承的文化生活。服饰与民俗活动密切相关，是民俗生活的产物，是民俗的一种表现形式，也是民俗的载体。

服饰民俗作为民间流行的服饰风尚和习俗，在长期的历史演进和社会生活中逐渐形成并世代相传。具有悠久历史民俗传统的民族，在武陵山区土生土长的土家族，有着广大人民群众创造的各类民俗文化，其中也包括服饰民俗文化。各类民俗不仅丰富了土家人的生活，还增加了民族凝聚力。在土家族社会生活中，人生礼俗、岁时节日民俗以及社会组织民俗都有着丰富的内容，从孩子出生后的"望月"，到新娘结婚时的"哭嫁"，再到族群活动中的"摆手舞"，服饰民俗多种多样，都显示出土家族服饰文化的独特魅力。

土家族服饰的造型风格、色彩配置、边花纹样、饰品装扮、用途取向是服饰民俗最鲜明的印迹。土家族各地区所表现出来的种种服饰民俗文化特征，异常突出地反映了土家族的文化传统、宗教信仰和社会习俗，对认识和理解土家族服饰文化的本质具有深刻的意义。

第一节　毛古斯舞与稻秧衣

毛古斯舞是土家族古老而原始的舞蹈，土家语称为"古司拨铺"，大意即"浑身长毛的打猎人"，汉语多称为毛古斯，是舞蹈界和戏剧界公认的中国舞蹈及戏剧的源头和活化石。毛古斯舞是极具土家族民俗生活气息的舞蹈，它表现了土家人对生活的热情，跳舞者身上所穿的一种固定的服装就是毛古斯稻草服，从服饰、道具到表演形式、表演内容，毛古斯真实地再现了父系社会至隋唐五代时期土家人的生产、生活，诸如扫堂、祭祀请神、打猎、挖土、钓鱼以及祭祖等活动。跳舞时，他们全身上下不停地抖动，让所穿的草衣发出窸窣声响，行走用碎步进退，左右跳摆，摇头抖肩，表演者模拟上古人古朴粗犷的动作，讲土家语，唱土家歌，融歌、舞、话为一体。其程序分为"扫堂"（意为扫除一切瘟疫、鬼怪，使后代平安）、"祭祖""祭五谷神""示雄"（表现全族人民的生存和繁衍）、"祈求万事如意"等几个大段落，每个段落中细节繁多，如祝万事如意的表演中，有打露水、修山、打铁、犁田、播种、收获、打粑粑、迎新娘等。2006年经国务院批准毛古斯舞被列入第一批国家级非物质文化遗产名录。

据历史记载，古老的歌舞"毛古斯"中曾出现过稻草毛人的形象。在湖北枝城的城背溪遗址中，发现早在七八千年前乃至远古时期已有稻谷，土家族先民利用稻秆编织衣物已有可能。其实，"手编织物做衣服"，至今还在土家人生活中保存着，这便是毛古斯表演中的"毛古斯服"（图8-1～图8-4）。每服由五块组成：两块搭在左右肩上；一块围肋下，前遮胸，后盖背；一块扎在腰间成裙状；一块为头套以蒙面，头套上扎有二至五瓣，象征犄角。其服多以棕叶、棕片、稻草编结。土家族地区随处可见棕树，其叶及棕毛柔韧、保温、防潮、耐腐，是制作衣服的上等材料。无论男女都穿着稻草衣和稻草裙，男性赤身裸体，身披稻草扎成的草衣，在臂、肘、踝关节处也用稻草等做成装饰，头上还要扎五条大茅草辫子，四根稍弯，分向四面下垂。赤着双脚，面部用稻草扎成的帽子遮住，头上用稻草和棕树叶拧成冲天而竖的单数草辫；四个单辫的是牛的扮演者。其中最具特色的是毛古斯表演中的男装，要用稻草做成一根男性生殖器夹在两腿中间，还要把末端染成红色的头，以表现土家人对生殖的崇拜和繁衍生息的种族愿望。这便是土家族最早的服饰了。在土家族的服饰文化中，毛古斯服饰是最重要的一笔，以后的土家族服饰几乎都是在此基础上发展而来的。至今土家人还用棕做蓑衣、草鞋、床垫等。受汉族先进技术的影响，土家族人用自织自染的"土布""土锦"，将短用布改为围裙，将披风改为衣裙。不同的服饰，是区分不同民族的一个重要标志。随着时代的发展和社会的进步，土家族服饰虽历经变革，但仍然保留了本民族传统的特点，而其中的毛古斯服饰更是成为土家族古老文化的代表。在2010年上海世博会上，土家族的毛古斯服饰压轴登场，重现了土家族先民稻草服的古老文化。❶

---

❶ 王松. 从"毛古斯"的服饰探询土家族服饰文化的内涵[J]. 希望月报（上半月），2007（7）：9.

图8-1 土家族远古服饰（源自中国民族网）

图8-2 毛古斯服装（恩施土家族苗族自治州文化馆藏）

图8-3 毛古斯表演（2012年摄于恩施土司城）

图8-4 毛古斯表演（恩施舍米湖）

图8-5 棕蓑衣（湖北宣恩）

　　直到19世纪，土家族的某些偏远地区仍然有稻草服的遗存，即黔东南铜仁地区的稻秧衣。❶稻秧衣用的是生长于武陵山中的一种野生草，德江土家人称其为"蓑衣草"，沿河土家人称其为"稻秧草"，经晒干、捶打、绞绳和编织而成（图8-5）。这种稻秧衣虽然经纬粗而孔大、有衣无袖，但由于其随处可自采而编织成衣，便成了铜仁土家人的常年所穿之衣服。这在清道光《思南府续志》记为"农袯襫（bó shì）而土瘠"❷。袯襫，《词源》释为"蓑衣"，译为稻秧衣。其志又转录《旧志》曰"民无衣帛，冬不加绵"，也说明铜仁土家族人民常年是少穿棉帛之类的服装。故而"农袯襫"正是铜仁土家族人常年所穿之衣服为稻秧衣的历史记载。而道光以后，铜仁土家族人才渐渐出现"城市乡村，卒多素布"的现象。这也充分说明了土家民族勤劳简朴、因地制宜、善于利用本地区的自然资源自制服

❶ 高应达，赵幼立，皮坤乾，等. 铜仁土家族的服饰与审美观[J]. 铜仁学院学报，2010（4）: 7-12.

❷ 1989年思南县志编纂委员会办公室组织对现存的嘉靖《思南府志》、道光《思南府续志》及民国《思南县志稿》进行点校整理，并于1991年内部发行。

饰的传统美德。

毛古斯舞作为国家级非物质文化遗产，不仅是我国舞蹈及戏剧的源头和活化石，而且可以通过其服装去追溯土家族服饰的源头。一般来说，探索某一民族服装的起源，是从其古代的遗存及相关史料去获得。而土家族服饰的源头，我们可以从传承至今的毛古斯舞蹈服饰中去找寻答案，使我们生动形象地感受到其原始服饰的魅力，这在其他民族服装发展历程中是很少见的。因而毛古斯舞蹈服装以及在土家族某些地区存在的稻秧衣，对研究土家族服饰文化具有重要意义。土家族服饰在武陵地区广袤的土地上，历经数千年的变化，不论其如何发展，古老的毛古斯服饰都会像勤劳善良的土家人一样，将是土家历史长河中一颗璀璨夺目的新星，散发出耀眼而奇异的光芒。

第二节　傩戏与傩戏服饰

傩，是一种古老的文化现象，来源于巫术，其意为"驱逐厉鬼"或"驱邪纳吉"，是古代驱疫降福、祈福禳灾、消难纳吉的祭礼仪式。其历史起源可以追溯到先秦，广泛流行于安徽、江西、湖北、湖南、四川、贵州、陕西、河北等省。《论语·乡党》记载："乡人傩……"《吕氏春秋·季冬》亦曰："命有司大傩……"东汉高诱注："大傩，逐尽阴气为阳导也。今人腊岁前一日击鼓驱疫，谓之逐除是也。"傩的形成源于古人对自然神灵的膜拜，是中国远古时代人们为驱逐厉鬼所举行的一种祭祀活动，是原始社会中的图腾、鬼魂及祖先崇拜的表现形式。

傩戏是独具特色的土家族非物质文化遗产，流行于恩施山区土家族聚居区（图8-6～图8-8），是土家族人民旧时在还愿、酬神活动中，经常表演的一种戏曲艺术，具有浓厚的宗教祭祀意味。其共性是粗犷、古朴，被称为"戏剧艺术之源""中国戏剧的活化石"。"傩戏"和"还愿"总称为"傩愿戏"，最初是土家族还愿者为求子、除病、祈寿举行的一种艺术活动。傩戏是一种从原始傩祭活动中蜕变出来的戏剧形式，其中蕴涵着原始宗教的诸多内容，是宗教文化与戏剧文化相结合的孪生子。过去在土家村寨，土家傩戏随处可见，是土家族人民生活的一部分。土家傩戏的传承，主要是口耳相授，家传与师传相结合，一般要拜师才传法，而"绝法"绝不传一般弟子。掌坛师一般都有较好的表演才能和惊人的记忆力。湖北鹤峰的"老师子"（即土老师）在新中国成立之前通常都是在需要还傩愿者的家中演出。起初演唱的主要是宗教经书的内容，间或插入民间故事，唱腔、曲牌并不固定。以后，傩愿戏经过长期演变，分出角色，有了道白，唱腔曲牌发展到三十多个。傩戏剧目增加多达两百余种，其中《青家庄》带有反封建性质、《大金银》抨击坏人坏事、《白鼻子土王》揭露土司的残暴。

图8-6　湖北恩施傩戏祈福迎新春（源自新华网）　　图8-7　围着篝火表演恩施傩戏（源自新华网）　　图8-8　围着水塘表演恩施傩戏（源自新华网）

土家族傩戏服饰极具特色，以戴面具和穿彩服为主要形式进行演出（图8-9、图8-10）。其服饰与土家族古代服饰有许多相同点，但又保留了傩坛巫师的装扮形象（图8-11），具有神秘浓郁的宗教色彩。其服饰包括法衣、法扎（即法帽）、战裙、八幅罗裙、马衣、女绣花便衣、铠甲等。法衣一般是白色底子、红色图案、青布镶边。法扎通常为布壳或牛皮做成，上有雕刻的空心图案，分"三清扎"与"五岳扎"两种，扎的正中画有"三清"神像或"五岳"神像。战裙用一般花布片镶制而成，类似土家人的围裙，但中间开衩以便于交战跳跃。八幅罗裙是傩戏中的主要服饰，集宗教、民俗于一体。传说古代居住在黔东北崇山峻岭的土家人狩猎、采果、打鱼，过着与外界隔绝的生活。他们按姓氏分居在八个山头互不往来。后来朝廷发现了他们，派兵征剿，搞得土家人不得安宁。虽奋力抵抗，但由于各行其是总不得胜利，后来八个部落酋长坐下来商量，选举产生了一个统一指挥的首领，大家提出每个部落出一块布做件衣服。以后打仗，只要谁穿上它，就能调动八个部落的人马。这样，八种颜色的布缝在一起，就成了一件八幅罗裙。不久，朝廷兵马浩浩荡荡开进土家族山寨，土家首领穿上八幅罗裙统一指挥八个部落的人马，果真打了大胜仗。为了纪念这次胜利，土家人就穿上了八幅罗裙，并传入傩坛。实际上，这是祖先崇拜和崇武精神的一种反映。马衣是傩戏中兵卒穿着的服装，是一种红色短褂，背心有白色日月图案。女绣花便衣为傩戏中女角所用，其式样与土家族妇女服装基本相同，青色或蓝色，顺右边而下有一排彩色绣花花边。武将上身为一种土布彩画铠甲，背上有一插袋，内插三角令旗四面，凤尾四支，马鞭一条。

图8-9　傩戏面具（恩施土家族苗族自治州博物馆藏）　　图8-10　傩戏表演1（源自新华网）　　图8-11　傩戏表演2（源自新华网）

　　傩戏中的主要服饰战裙也是土家族日常生活中最具标志性的八幅罗裙，这不是偶然的巧合，而是一个民族的服饰在其漫长的历史演进中所形成的共同文化心理结构的表现。长期以来，八幅罗裙上的各种形式要素已成为土家族所认同的服饰个性物征，并作为一种共同文化心理的表现形式被认同。一个民族的服饰与一个民族的共同文化心理素质以及与此相一致的民族性格有着一一对应的内在联系。从这个意义上来说，我们在八幅罗裙上看到了土家民族所具有的团结合作、英勇抗敌的民族精神。因而八幅罗裙在表现土家民族共同文化心理的同时，已成为重要的构成因素。

　　傩戏作为一种戏剧形式流传至今，仍然保持着它的古朴与原始风格，为人们所喜爱，显示出土家族传统文化的魅力。傩戏服饰既是人类图腾文化崇拜的产物，又是民族文化先期的符号标记，它承载着民族文化的痕迹，更演绎出民族服饰文化的风采。

第三节 婚俗与"露水装"

在土家族的婚俗中，他们的婚姻比较自由，男女可以自由选择对象，山歌和木叶为沟通双方情感的媒介。多年来保留着鲜明的濮僚婚姻习俗遗风，结婚时不索取任何钱财、不坐轿。但是随着中原民族婚姻制度的逐渐传入，土家族聚居区这种自由婚姻的习俗慢慢改变。特别是清代改土归流之后，土家人的婚姻主要是"父母之命，媒妁之言"的包办制度。其程序有求亲、订婚以及结婚等，其中主要包括求婚、送日子、忙嫁、过礼、哭嫁、戴花酒、接亲、拜堂（图8-12）、闹新房、敬茶、回门等内容。

图8-12 土家族婚礼（源自国家地理中文网）

认亲订婚，民俗也叫取"八字"。女方同意男方的求婚后，男方准备酒、肉、衣物等礼品来女方家，女方则把女子的生庚时辰用红纸写下来交给男方，同时还要回赠男方鞋子、绣花鞋垫、土家花带等礼物。特别是土家花带，有互相拴在一起的寓意，是爱情的信物。因此，土家花带通常由姑娘亲手打织，一是显示自己的才艺，二是表示自己的情感非同一般。所以，订了婚的小伙子，往往会在日常生活中，特别是在人多的集会中，有意将系在裤头的织锦花带露一段出来，以此显示喜悦之情。

娶亲结婚是这个过程中的高潮，首先男方要准备好接亲及其礼品，女方则要准备"嫁奁"。清代中晚期的地方志中有所记载，如清嘉庆《永顺府志》载有"土人婚仪、过礼、女家索聘，奁资亦丰，锦被多至二十余铺"。可见，当时用土家铺盖作为嫁妆的风气极盛。女儿出嫁时，无论贫富都要准备几床"西兰卡普"土花铺盖，以及成套的家具用品。土家人对"西兰卡普"土花铺盖十分重视。它不但能显示女方家的经济实力，更是展示姑娘心灵手巧的窗口，人们往往根据姑娘能织纹样花色的多少、织物的平整度、配色的精巧程度来评判其人品和才艺。因而许多土家女儿从十多岁起就学习土家织锦，除姑娘自己打织西兰卡普做嫁妆外，做父母的也要设法为女儿准备几床土花铺盖作为陪嫁，

图8-13 土家织锦之迎亲图

而娶媳的婆家也以陪嫁的土花铺盖数量及精巧程度来排定新媳妇在家庭里地位的高下。所以土花铺盖成为土家婚俗中不可缺少的特殊物品（图8-13）。

说到婚嫁习俗，土家人也有着属于自己的情感表达方式。"哭嫁"是土家族姑娘迎接婚姻的特殊方式，哭嫁的风俗表达了土家族少女对婚姻的憧憬和面对婚姻喜忧参半的心情。土家族青年男女多以对歌形式相爱，然后结婚。哭嫁有专门的哭嫁歌，为了准备自己出嫁时的哭嫁，女孩子很小就要开始学习哭嫁。新娘哭嫁时，口中念念有词，叫作"送嫁饭"。这时同村的亲朋好友都会来陪哭，陪哭的人哭得越伤心、越动听、越感人就越好。出嫁的姑娘不会哭则会被耻笑。同时，男方必须送粑粑到女方家，参加哭嫁的人不仅多而且范围广。哭嫁时间短则五六天，长则一两个月。"哭嫁歌"是土家族的婚俗民歌，土家族姑娘的结婚喜庆之日是用哭声迎来的。姑娘在出嫁前一个月里，便要开始唱哭嫁歌，用歌声来诉说土家族妇女对自己亲人的眷恋不舍之情。哭嫁歌的哭唱形式程序则根据出嫁的进程来划分，一般分为"一人哭唱""两人哭唱""哭团圆"三种形式。哭嫁歌内容包括"哭爹妈""哭哥嫂""哭伯叔""哭姐妹""哭媒人""哭梳头""哭戴花""哭辞祖

宗""哭上轿"等。

如"哭爹妈"的一段词：

"长大成人要别离，

别娘一去无归期，

别娘纵有归来时，

待到归来住几日，

门前一股长流水，

女儿泪水总长滴。"

又如"骂媒人"的一段：

"你来求亲夸大话，

讲了娘家夸婆家，

你吃婆家一杆烟，

你讲他家发几千。

你喝婆家一杯茶，

你讲他家挺繁华。

你吃婆家一杯酒，

你说他家宗宗有。

你嘴尖来喉咙深，

脸皮厚得像城门。

媒人做事太万恶，

陡岩跌坎落下河。

短命死去地狱里，

二世投生变牛骡。" ❶

"哭嫁歌"的音乐结构属"联曲体"结构，即一个较长乐段的多次反复。在反复哭泣唱的过程中，由于唱词变化，旋律也随之略有变化，但旋律的基音及终止音保持不变，每句旋律均由高音级进下降，旋律中装饰音运用较多，在句尾时常

❶ 唐洪祥. 酉水河边[M]. 北京：中国文联出版社，2002.

加进呜咽与抽泣声，以表现妇女悲痛压抑的情绪。

说起土家族姑娘出嫁的服装，可谓斑斓多彩，最为典型的要数土家族姑娘出嫁时途中穿着的"露水装"。而为何叫露水装？有一个美丽的民间传说，一位土家族男青年，在山野中遇到一只狐狸口含一只锦鸡，他打死了狐狸，救活了锦鸡，自己却受了伤，血滴在锦鸡身上，锦鸡变成了一位美丽的姑娘，他们从此相恋，并结为恩爱夫妻。此事感动了观音菩萨，见姑娘出嫁时衣服比较简洁，便掬一捧露水洒在姑娘衣服上，霎时变成一串串珍珠，把姑娘的衣服点缀得绚丽多彩，后来人们就叫姑娘的衣服为露水衣，凡出嫁的姑娘都要仿制这种衣服穿。过去清江流域的土家族姑娘出嫁，必穿露水衣，经济条件好的自制，差的借用，婚后归还原主，并送微礼表示谢意。

露水装包括一套露水衣；一双露水鞋；一方露水帕，也称"露水帽"；一把露水伞，有象征夫妻白头偕老、长命百岁之意。按照习俗，都是男方迎新人时送到女方家中去的。其中，露水衣是土家族女子服饰的典型代表，相传是观音菩萨送给土家族姑娘"降妖""避邪""求福"的宝物。其款式长而大，主要由上衣、裙组成，上衣为大襟、大袖、大摆，下衣着裙，上下皆有花边。上衣的胸前绣有象征富贵美丽的牡丹花或象征纯洁无瑕的百合花图案，相传穿上它可以驱邪消灾，以保平安。衣裙的边缘都镶有绿上点红的彩边，象征着姑娘出嫁后，大吉大利，生活红红火火。衣袖与衣裙图案完全采用挑花法，也就是在布上用针刺上连贯的"小十字"，以之连成线条或方块，再组合成花鸟鱼虫等图案。下衣一般需穿丝绸做成的八幅罗裙，与露水鞋、露水伞等配合穿搭，华丽而隆重。有的地方如恩施地区的露水衣，上衣腰部右侧会用土家图案元素花边镶成银钩状，开衩处镶三角形土家西兰卡普图案，并搭配手工编制的蜈蚣扣；裙身正面镶西兰卡普四十八勾图案；领口中、领弯至下摆外缘、袖口、裙身外缘，裙摆下围共计钉188颗珍珠，代表露水珠。

露水鞋较讲究，除了鞋口滚边挑"狗牙齿"外，鞋面多用青、蓝或粉红色的绸子，鞋尖正面用五色丝线绣出各种花草、蝴蝶和蜜蜂等图案。而所谓露水伞，实际上是一把制作精致的红色油纸伞，不论晴雨都须撑开，一为遮光避雨，二为遮羞。新娘沿途被迎亲姑娘们前簇后拥着，上遮下掩，花团锦簇，人们很难看到其面容。打此伞的用意：一"遮羞"，二"去邪"。新娘前往婆家，除打上露水伞、穿上露水衣外，还需穿上露水鞋、搭上露水帕，然后才能启程。但此时新娘会"执意"不穿，这时陪嫁的众姐妹纷纷"相劝"，并要帮新娘穿上露水衣、露水鞋，搭上露水帕，这又引出了新娘的哭嫁歌：

> "我今不穿露水衣，
>
> 不受人家老少欺。
>
> 露水鞋子穿不得，
>
> 穿了离爹又离娘。
>
> 今早搭了露水帕，
>
> 要受人家老少骂。"

新娘穿好露水衣、搭上露水帕之后，还要在露水鞋外套上一双旧鞋，意思是在上轿之前不要踩踏了娘家的门槛，给娘家带来不吉利和灾难。然后，由新娘的兄长用七尺红绫——背亲带，拦腰将新娘背起，然后嫂嫂打开新郎家送来的露水伞，将新娘遮住上轿。上轿后，新娘还由其兄弟为其在胸前挂铜镜、腰间佩宝剑。到婆家后即卸去露水装。这种新娘服饰多少带有一点巫术的色彩。它的从穿到卸，即完成了土家族女子由姑娘到媳妇的转变过程。

> "穿了露水衣，
>
> 要到远乡去；
>
> 穿了露水鞋，
>
> 要踩远乡岩；
>
> 搭了露水帕，
>
> 变成媳妇家。"

新娘进入新房后，需穿着水红大襟衣，并配以银饰的盛装，最为突出的是胸前右斜戴扣花牙签。牙签一般为银质，富者亦有用金质的。牙签有三层，长约50厘米，上面两层分别长约13厘米，最底一层约23厘米。牙签的第一层，用一根长约3厘米的链子系着一个牌子，牌子四方用卷草形花纹装饰，牌子中缀有红黄色珠子一颗；第二层是一根长约3厘米的链子，右边系一块印，左边系百家锁；第三层是一根长约5厘米的链子，下系两个小牌，从左至右分别垂挂着宝剑、关刀、耳

挖子、针夹等日常生活用品及避邪之物。整个扣花牙签约有250克银子重，新娘戴上环佩叮当、风姿绰约。❶

在土家族民俗中，婚俗无疑是最具有生命美感的，而婚俗中所设计的服饰又为这种生命美感增光添色，并赋予其丰富的精神内涵。《礼记·郊特牲》曰："夫昏礼，万世之始也。"作为"万世之始"的婚姻所产生的习俗，人们称之为婚俗，一切关于婚俗所产生的思想、理念、行为、风俗、习惯及由此所辐射出来的活动则称为婚俗文化（图8-14）。婚俗文化对于民族文化的传承、国民凝聚力的增强、社会稳定乃至家庭的和谐都有着十分重要的影响，它展示了民族社会群体的生

图8-14 轿子

活面貌，体现了一个民族的价值观、宗教观和审美观。而婚俗中的服饰在其中所起的作用也是显而易见的，我们从土家族婚俗及其服饰中深切地感受到这一点。随着时代的进步，婚俗文化及其服饰也在发生变化，而唯一不变的是它们已经深深地融合在社会生活和文化传统之中，携带着土家族民风的基因世代相传。

第四节　儿童盖裙与图腾崇拜

儿童盖裙是土家族服饰中较为特殊的一种，它是在一米见方的黑色土布或绒布上，三面用同样宽的土家织锦条镶饰而成（图8-15）。盖裙一般用作土家族儿童的衣着补充物，它是外婆看月时必须送给小外孙的礼物。盖裙不但美观漂亮，而且实用。平时在家里，它是包裹婴儿的襁褓，或覆盖在婴儿的窝窝背笼上，从不离身；出门游玩时，它又可作贴身背负的软背兜，用以保暖、遮光。因此，盖裙

❶ 田永红. 黔东北土家族服饰文化[J]. 贵州民族学院学报（社会科学版），1991（3）：80-85.

成为土家民族千百年来儿童服饰中必备的用品。

盖裙的纹样是由一种叫"台台花"的特殊纹样织成的（图8-16），这种纹样由三种基本纹样构成：第一部分是"补毕伙"，汉语直译为"船小"，意为小船；第二部分是一组菱形框架的几何形；第三部分是边饰纹样"泽哦哩"，汉语称"水波浪"，是一组连续的波折线。❶

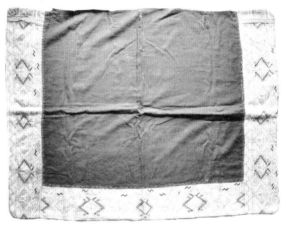

图8-15　传世儿童盖裙（民间收藏）

图8-16　盖裙上的台台花纹样

说它特殊，是因为在土家织锦现存的120余种组合性图案中，能镶饰在盖裙上的只有"台台花"一种，其他图案从未出现在盖裙上，而且"台台花"也不作其他用，这就使得"台台花盖裙"更加与众不同，并蒙上了一层神秘的色彩。而

❶ 田少煦. 湘西土家族盖裙图案考析[J]. 贵州民族研究，1998（3）：87-92.

就是这样一个普通的儿童盖裙上的花纹，引起了学术界的关注，并对其有着不同的解读，这充分说明土家织锦所体现出的文化内涵丰富且深刻，这也是民族工艺美术品的魅力所在。关于"台台花"纹样的不同观点的解读，归纳起来主要有两种，一种是"白虎图腾说"，一种是"祖先崇拜说"。

白虎图腾说，主要是指"台台花"的中心纹样——面纹形，为虎头的正面造型，其纹似虎眼正视，虎鼻粗阔，毛发四射，颇有威严之势。加上土家族人有"崇白虎"和"赶白虎"的图腾崇拜，对虎的形象情有独钟，因此有些专家推论这是"白虎图腾"的寓意。由于"台台花"专门用于小孩的盖裙上，因而它所隐喻的主题应是祈求先祖"白虎"保佑子嗣健康成长、一生平安。这正与土家孩童所穿戴的虎头鞋、虎头帽相通，其主要意图则是避邪免灾、保佑平安。还有一解释是织"台台花"是为了保护小孩不让白虎吓到，留出的那一边则搭在窝窝的上方，那一方有大人保护，即大人坐在窝窝旁的那一方。因而，有些地区也把"台台花"称为"台台虎"。不论是"崇"还是"赶"，虎的形象都是这一土家织锦图案的重要母体。

祖先崇拜说，主要是指那一组看上去似面纹形的几何菱形为人的脸型。因为波折线和对称的小点可以看作眉和眼睛，矩形可看作大鼻子，倒三角形为小嘴。所以，有的学者据此推论出这一图案是人脸，而不是虎头。加之与水波纹和小船的纹样组合在一起，正好契合了《梯玛神歌》中傩公傩母的神话传说。土家族关于"人类起源"的传说中，记述了洪荒时代一个传奇的故事。在很久很久以前，有八兄妹为了给老母治病，捉来了天上的雷公，欲杀掉吃肉。被囚禁在笼子里的雷公施骗术得到了水与火，逃回天庭，接连下起七天七夜大雨，世上洪水泛滥，人类毁灭，只剩下布所和冗妮两兄妹，躲进漂浮在水上的葫芦里保全了性命。为延续人类，经"依窝阿巴"（始祖女神）的指点，在"是义图介""快卡块""普图""拢古"等的规劝下，经过滚磨岩，"两扇磨子合在一起了"，又经过烧火堆，"两股烟子绞在一起了"，于是哥哥与妹妹成亲羞成了红脸，妹妹仍是白脸。怀孕百日后，生下一个肉坨坨，兄妹俩把它砍成一百二十块，和上土撒出去，和上苗苗撒出去，和上沙子撒出去，撒到的地方冒出了炊烟，世上从此有了土家、苗家和客家。土家人为了纪念再造人类的祖先——布所和冗妮，便把兄妹俩供奉于葫芦变成的船中，这就是土家族"旱龙船"的来历。"旱龙船"所到之处，各家各户都要用一双小孩穿过的鞋子或一件小孩的用物挂在船头，祈求两位祖先保佑子孙、驱邪免灾。因此，将此组纹样用于儿童的盖裙上寓意傩公傩母两位祖先对儿童的保佑。

由此可以看出，对"台台花"纹样的解读，无论是"白虎图腾说"还是"祖先崇拜说"，都是一种深层次的图腾崇拜意识在民间风俗中的具体表现。

民间艺术是民俗的直接需要，它来源于民俗生活，是民俗的组成部分，它的内容和形式大多受民俗活动或民俗心理的制约。民间艺术是民俗观念的载体。盖裙既是一种民俗用品，同时又是一种民间艺术品。土家族妇女之所以选用"台台花"作为盖裙上唯一可用的图案，是与其民俗活动分不开的，与图案中蕴含的民族意识有着密切的关系。"台台花"是图腾崇拜和祖先崇拜在土家人心中的深刻回应，"台台花"即"祖宗花"，表达了土家族人希望得到图腾和祖先庇佑的愿望，反映了土家族对图腾和祖先的敬仰之情。"台台花"专用于小孩的盖裙上，其纹样蕴含了保佑小孩幸福安康的愿望，同时也表达了母亲对小孩浓浓的关爱之情。

由于"台台花"特殊的文化内涵，土家人把这一组合图案一直作为儿童的专用品而不随意乱用。随着时代的变迁，也许图纹在形成时所表现的具体内涵在历史的烟波中逐渐被后人忘却，保存下来的只是它特定的用途及文化空间。因地域的缘故，尽管至今的"台台花"有几种略有差异的构图，但它始终保留水纹、船纹、面纹三种基本要素和凹形的三面构成方式（图8-17、图8-18）。"台台花"犹如一支古老而深沉的摇篮曲，伴随着土家族一代代子孙，从远古走到今天。

图8-17　台台花盖裙　　　　　　　　　　　图8-18　婴儿盖裙

第五节　土锦与祭祀

土家族服饰文化中最负盛名的土家织锦是土家人的生活实用物品，在制造的过程中凝聚了土家人祈福吉祥、向往幸福的心声，从而与土家人结下了不解之缘，它伴随土家人走过其人生的全过程。婴幼儿时盖织锦，长大懂事织织锦，结婚陪嫁选织锦，夫妻恩爱伴织锦，当了外婆送织锦，人老去世葬织锦，生生死死都不分不离，甚至在祭祀活动时也离不开织锦：舍巴摆手披织锦，敬祭先祖供织锦。

在漫长的民俗文化沉淀中，土家织锦渗透着土家民族特有的、纯粹的文化精髓，包含着丰富的民俗意蕴。祭祀庆典主要是表现人类对主宰自己命运、主宰自然界各种现象的超自然力的尊重、崇敬和惧怕。土家祭祀显然也未游离于这个规律之外。如社（舍）巴、赶年、调年以及祭祀土王的习俗，就是他们崇拜祖先、信仰诸神的时节，而摆手堂是调年会最热闹的地方。摆手堂在土家族地区很普遍，每村必有，而且有大有小，旁边立有土庙以供奉土王或土家族先祖八部大王神。其主要的神祇有家先神、生产生活神（山神、猎神、土地神）、疾病神（傩神、白虎神）等。这类宗教信仰具有原始形态特征。

正式的祭祀活动必须在供奉有土家族先祖八部大王和土王神位的摆手堂才能举行，而且还要由神人合一的土老司梯玛主持。但简易的祭祀活动可以在一村一寨、甚至一家一户开展，场地随意，程序相对简略。所以在酉水流域一带的许多土家村寨，也有在自家堂屋中神龛的"家先"（即本家祖先的神位）前面安做一张桌椅，再在桌椅上搭设一块土家织锦，摆手就在土家织锦前，或围绕土家织锦展开。这块土家织锦通常是最经典的四十八勾纹，此时它不再是普普通通的织锦被面，而是扮演土家先祖神位或民族图腾的角色。民间传说四十八勾源于土家先民"毛古斯"祭女神"草祖"时，用茅草打的"又"字形的草标。这草标就是女神的象征，后来草标的图案又织到土锦中，演变为四十八勾，成为保护神的象征性图案。

所谓四十八勾纹土锦（图8-19），其纹样是由中心主体的四角或周边延伸出的八条勾纹组成，再从这个中心以菱形状向四边逐渐扩散，并且形成放射状，层

图8-19　四十八勾纹土锦

层的放射扩散，就好似太阳的光芒，甚至使人目眩，具有强烈的动势。这些一层一层勾状的扩散在眼前闪动，人们会立刻感到似乎难以控制自身的平衡，身体会随之头晕目眩。这种变幻莫测的图案纹样所具有的符号寓意，在土家民族中有着众多的解读，其中太阳说是最具有代表性的。因为四十八勾图纹是太阳的形象、火的形象，象征民族的祖先、神灵的意愿，它兴旺种族、祈子求昌、驱秽避邪、禳灾纳吉，是土家民族远古的崇拜。有的地方即使是在摆手堂前跳摆手，也会在神坛前供奉四十八勾，视其为神物。土家织锦四十八勾图纹所表现出来的这种民族精神，是土家族人民物质文化和精神文化结合的产物。其中的太阳形象不论是"生殖信仰"还是"祖先崇拜"，都对民族繁衍、社会进步、文化发展产生了深远的影响。历史的发展使一些文化内涵隐藏于某种物化形态之中。在以农耕经济为主体的土家族社会环境中，四十八勾"实现了对原始文化的超越和人类在审美创造中的自我复现"。

在民俗祭祀活动中，土家人还要披锦、披五花，这"锦"和"五花"自然就是古已有之的土家织锦。土家织锦成为沟通人神、人鬼的重要纽带。他们常常通过图腾崇拜和巫术仪式来达到人神间的互渗，通过图腾让自己归属于一个强有力的形象，成为图腾的一部分，获得超强的信心和神的力量（图8-20）。从某种意义上说，土家织锦及其装饰，使人变成了"巫"，得到了一种强大自身的神力。这些锦的内容、纹饰描绘了土家族先民的辛勤劳作，多关联着土家人的神仙传说与图腾信仰，可达到驱邪避灾、镇凶纳吉、去阴护阳的功效，这亦是土家织锦文化生生不息的缘故之一。❶

---

❶ 李嘉．土家族"西兰卡普"的文化特征简析[J]．中南民族大学学报（人文社会科学版），2007（5）：76-79．

图8-20　土家族梯玛神歌

第六节　与土家族服饰相关的习俗

　　除以上土家族服饰的习俗外，在长期的历史进程中，土家族的居住地是一个长宽均为千里之遥的区域，俗话说得好："十里不同音，百里不同俗。"正是由于地域的不同，土家族人在语言习俗、宗教信仰等方面都存在着或多或少的差异，其服饰习俗也更为丰富。土家族服饰穿戴主要体现在节日和祭祀日等重大庆典活动中，这些从某一侧面客观真实地反映出土家族服饰本身所蕴含的历史文化内涵和独特思想寓意。因此说，服饰不仅是形象化展示艺术的载体、人们情感意念的寄托物，而且具有文化概念和历史属性，具有承载历史文化、撰写历史文化的功能。

　　土家族的传统节日很多，每个节日都具有自己独特的文化意义与之相适应，也有特定的风俗习惯。在贵州沿河地区的土家族，每逢节日要穿新衣，每逢走亲访友要穿新衣，红白喜事也要穿新衣。从出生到生命终结，人们首先要做的就是为新生儿和去世的故人换上新衣服。所以，服饰与人终身相伴、与历史相伴、与民族节日相伴、与宗教活动相伴。其衣服的文化元素往往来源于社群的文娱体育与社会生活，如土家族男性穿的"汗衫"；或源于择偶活动，如土家族男女的赶场、庙会、吃酒、拜年，以及其他人群聚集时从头到脚进行"武装"的民族服饰；或起源于宗教活动，如摆手舞衣服、毛古斯打扮、傩戏法裙——八幅罗裙、太极罗裙和山河社稷罗裙等。

土家族女子平时节俭朴素，但每逢喜庆节日，则穿戴节日盛装，尤其是姑娘们要穿最好看的衣服，佩戴珍贵的金银首饰。有些地区，土家族妇女喜穿"三滴水"，它的穿着方式很特别，即里外几层衣服，里边长、外边短，层层露边。恩施石灰窑一带的土家族姑娘，在七月十二的女儿会这一盛大的传统节日里，都会穿上自己最漂亮的衣服，按衣裤的长短，从里到外依次重叠地穿着，佩戴上最好最珍贵的金银首饰，打扮得格外美丽俊俏。在贵州沿河地区流传有口头俗语"沿河姑娘宽脚板，思南姑娘大脚杆，印江姑娘常打伞"，描写的就是沿河地区姑娘在集会、会友时的模样。沿河的姑娘裤子要长齐脚跟，在集会时喜赤脚舞蹈，人们看到的是姑娘的大脚丫。而思南姑娘常穿短裤，脚腿肥嫩。而小油伞为印江姑娘的随身携带物品。这样的着装习俗，实际表现了各个土家族地区姑娘的性情。过赶年也是土家族重要的节日，即提前1~2天过年。过赶年节日里，土家族男女都会穿上民族服饰来喜迎新年，如男子缠上青丝头帕、穿上琵琶襟上衣；女子上穿左衽开襟大褂、下着八幅罗裙或镶边筒裤，佩戴各种金、银、玉质饰物。❶

每个人的一生都要经历一系列的人生礼仪，我们将之归于人生礼仪习俗。诞生礼仪是人生的第一个重要仪式，于是便产生了与此相关的婴幼儿习俗礼仪。土家族妇女生了小孩以后，娘家一定要送小孩背带、围裙、围帕等。这些东西按一定尺寸、花纹图案制作好后，吃月米酒时随同送去，一是表示敬贺，二是表示娘家人工艺技术的精巧。小孩满一周岁时，娘家要来人看小孩，当地俗称为"挖周"，并且娘家要送小孩一顶风帽。风帽前檐用十多个银质罗汉装镶，帽顶用玉珠装饰，此帽十分珍贵。在土家族小孩的服饰中最讲究帽子，通常按小孩的年龄和

---

❶ 李克相. 土家族传统服饰及其文化象征——以沿河土家族自治县及周边地区为例[J]. 南宁职业技术学院学报，2010（2）：23-27.

时令季节确定帽型。

土家族结婚习俗也很特别。有些地区，土家族姑娘到了十八九岁，自然有男方请媒求亲。媒人从男方家拿一件姑娘服装去求婚，如果女方收下衣服，姑娘就要扎一双布鞋送给小伙子，这婚事就算成了。这双鞋，姑娘颇费心思，为表明她爱的纯贞，鞋底的每一层垫布全用白布粘贴。纳鞋底时，常常还要用手帕包着拿在手里，以免手心出汗弄脏鞋底，以此来表达爱的纯洁。鞋底要纳得密、纵横成行，中间纳成梭角形的图案，叫作"有心鞋"；鞋面则用青布做成象征圆满的"圆口"式样。一般土家族姑娘不会随便给异性青年做鞋，因为鞋是一种特殊的定情信物。一旦土家族妇女学会了制鞋，便会把衣裙中的挑花绣朵运用于鞋面，做出各种精美的鞋。女式花鞋有船头鞋、气筒鞋、鲇头鞋、圆口鞋、翁鞋、钉钉鞋等。土家族姑娘订婚后，赠送情郎的礼物除荷包、彩带外，最珍贵的就是布鞋。出嫁前，女孩子们会日夜赶制鞋，留予自己父母兄弟及赠送夫家长辈。

土家族的丧事与"哭嫁"相反，办得很是热闹，土家人称其为"白喜事"。土家族的跳丧舞历史悠久，以乐观的态度表达了对死者的吊唁缅怀，充分表现了土家族人豁达的生死观（图8-21）。土家族寡妇不兴穿红色，在守孝期间（一般为三年）多穿黑色。三年以后，若未再嫁，就穿月白色。与丧事紧密相连的要数"老衣"了，关于"老衣"已在本书第二章中进行过阐述。土家人的老衣非常俭朴，这源于土家人认为人死入土不能带金属类物品随葬，否则为大不吉，就连棺材也不用钉子，因而土家人只有盖棺之说，而就没有钉棺之说。一般情况下，土家人生前的金银饰物皆留传给下一代。

图8-21　跳丧舞——"牛擦痒"（源自《鄂西土家族简史》）

土家族民间梯玛与道士所穿的服饰也是很有特色的。梯玛为土家族地区的"土老司"，其职责就是在各种场合下进行祭祀活动。土老司在主持法事时身披兽皮做成的法衣，两耳吊大环，环上挂着青蛇脱落的皮。主持丧葬时，土老司则身穿衣衫、八幅罗裙，头戴五冠帽（图8-22、图8-23）。如死者为男性，土老司就身上挂着柴刀、烟袋；如死者为女性，土老司就身上披土家织锦铺盖、挂上鞋子。长衫、八幅罗裙均是土老司的法事服饰。与汉民族的道士服饰不同，土家族的道士服饰带有浓郁的本民族风格。道士头上戴的是土老司的五冠帽，身上穿的是土家人的男式长衫，手中的小锣、钹都是土家族地区祭祀中的行头道具，履行的职责是道士的丧事责任。❶

图8-22　五神君冠帽（恩施土家族苗族自治州博物馆藏）　　　　　　　　图8-23　土老司所用服饰

图8-24　土家族傩戏之"打火棍"

另外，土家族在服饰上还有许多其他禁忌，如"不穿别人的新衣服""穿了别人新，别人恨断筋"、不能反穿衣、不能穿女人鞋子、人死了穿衣只能单不能双等。这些都是土家人原始宗教意识在服饰上的体现，渐渐形成了一种固定的习俗特征（图8-24）。

土家族服饰作为土家族民俗文化的重要组成部分，是土家族民俗文化的载体，与土家族民俗生活关系十分密切。丰厚的民俗文化使土家族传统民族服饰具有丰富内涵，形成了它的

❶ 彭英明. 土家族文化通志新编[M]. 北京：民族出版社，2001：31.

又一鲜明特征（图8-25、图8-26）。

图8-25　土老司度职仪式1　　　　　　　　　　　　　　　　　　图8-26　土老司度职仪式2

　　无论是毛古斯舞的稻草衣、傩戏中的战裙八幅罗裙、婚俗中的露水装，还是法事中梯玛与道士所穿的服饰，土家族服饰文化中的风尚习俗都是其社会和历史发展的产物，带有鲜明的民族特征和历史背景。这种时代的鲜明特征又折射出土家族的民族性与社会性（图8-27）。它体现了一种特有的文化现象，承载着民族的历史文化追求与精神。

图8-27　土家族傩仪"祭河神"

第九章
民族文化传承发展

　　土家族服装作为土家文化的重要组成部分，在其长期的发展演变中逐渐形成了优秀的文化品质，成为土家人心中的骄傲。土家族服装厚重的历史底蕴和灿烂的文化成就，是土家人千百年来生产生活经验的总结和提升，表现了土家人深邃的智慧和无穷的创造力。但随着时代的变迁，土家族在日常生活中穿戴本民族服饰的人越来越少，而穿戴现代服饰的人越来越多。一方面，年轻一代对其传统服装需求甚少，从整体上看，土家族服饰逐步陷入了边缘化的尴尬境地；而另一方面，由于土家族人民民族意识的逐渐加强，以及各种民族节庆、文艺演出、旅游景区、宾馆饭店的需要，土家族传统服饰又开始受到重视（图9-1、图9-2）。目前，这一现象被社会各界广泛关注。在土家族地区各地政府的支持下，许多高校及相关科研单位积极开展土家族服饰的研究，很多企业也逐渐参与到土家族服饰的开发中来（图9-3、图9-4）。经过多年的努力，土家族服饰的研究与开发从最初的杂乱无章逐渐过渡到有条不紊的状态。为了适应时代变迁，消除土家族服饰发展中的种种弊端，笔者认为土家族服饰在当前的发展中应更多地适应时代的变化、把握大众的审美心理，依靠自身的蜕变来摆脱当前发展的困境，进而实现促进其传承与发展的目的。

图9-1　土家族旅游点民俗活动的表演服饰（满溢德摄于湖北恩施土家女儿城）

图9-2　改良的毛古斯表演服装

图9-3　改良的矮领斜襟绣花式上衣

图9-4　改良的八幅罗裙

第一节 土家族服饰文化的现代变迁

一、土家族服饰简要状况

谈到土家族服饰的变迁，古代土家族服饰和近代土家族服饰是绕不开的话题。在当时社会生产力水平很低的情况下，从土家族地区原住民穿的稻草服装到织麻为衣，远古的土家族服饰经历了由结草为服向绩织而衣发展的过程。而古代的土家族服饰却完成了服饰材料上的革新，"赛布"和"溪布"的出现让古代土家族服饰呈现出色彩斑斓的独特个性。同时，土家族服饰的衣裙尽绣花边、交领短衣、八幅罗裙、袖大而短、衣长而肥也成为这个时期土家族服饰的典型特征。

然而，19世纪末至20世纪，土家族地区与其他地区之间的族群流动日益增强，文化交流更加频繁，使土家族服饰受到巨大的冲击，表现为穿土家族服饰的人进一步减少，仅限于偏远山村的部分中老年人或重大民族节日中的中青年妇女。随着文化交流日趋频繁，本民族的部分传统文化更趋边缘化以至逐渐消失，取而代之的是汉文化或其他民族的文化（包括异域民族文化）。这样汉族地区流行的各种近现代服装就成为土家族地区的服装潮流，以致从服饰上难以感受到土家族的民族特色。改革开放以来，随着我国科技日新月异的发展和土家族与外界的联系逐渐增多，各种款式、面料、色彩的现代时装纷纷进入土家族人民的日常生活中，对土家族的传统服饰造成了巨大冲击。例如，现代土家族地区出现的服装多为化纤材料，透气性和舒适感明显逊于棉麻材料，而且色彩比较艳丽，失去了传统服饰的内在品质，这也使得土家族服装的原生性明显下降（图9-5、图9-6）。[1]

另外，土家族地区许多劳动力流向经济发达的城市，同时很多其他地区的大批商人纷纷前往土家族地区经商，形成了较大规模的族群互动格局，对土家族服饰的变迁产生了深远影响。土家族女子穿起了吊带装、低腰裤和高跟鞋，男子则穿上了西装、牛仔服、T恤、各类休闲服、皮鞋等。中老年妇女的服装也发生了

---

[1] 王平. 论土家族服饰的民族性与时代性特征[J]. 中南民族大学学报（人文社会科学版），2008（1）: 62-66.

第九章

民族文化
传承发展

197

变化，逐渐走向便装化和随意化。总的来说，尽管土家族服装在现代的款式和种类方面都得到了较大发展，但这种发展很大程度上建立在对本民族服饰文化内涵的一种大幅度抛弃的基础之上，而且这种变化在很多人看来应该归结为一种社会文化现象的自然演变，显然这种看法对优秀民族文化的传承与保护是极其不利的。如果放任这种发展继续下去的话，那么土家族服饰文化的异化就在所难免了。

图9-5　土家族旅游点的表演服装1（2012年摄于恩施土司城）　　图9-6　土家族旅游点的表演服装2（2012年摄于恩施土司城）

二、土家族服饰文化变化的动因

服装作为一面时代的镜子，是随着社会变迁而改变的，而这种民族服饰的变化有其自身独特的原因与背景。对于土家族服饰来说，自然环境的因素、社会环境的因素、现代科技的传入、民族文化的融入问题是其变化的主要因素。

❶ 自然环境因素的变化

自然环境的改变对土家族服饰文化变迁有着直接的影响。通常情况下，自然环境的变化首先反映在对物质文化的影响。数百年前，土家族分布地区还覆盖着茂密的森林，随着人口的增多，对森林的砍伐随着岁月的流逝而不断加剧，土家族地区的森林覆盖面积逐渐减少。森林的过度砍伐，破坏了当地的植被，造成了水土流失和环境变化。自然环境的改变对传统文化的影响是不容忽视的。例如，在经历了大面积森林砍伐之后，土家族服饰自耕自染材料的环境也遭到了破坏，古代土家族服饰中所采用的天然服装纤维材料在现代也很少能看到了；在当地已经难以进行桑蚕的养殖，而且棉麻和天然染色材料的种植也已濒临绝迹。

❷ 社会环境的因素

除了自然环境因素以外，社会环境因素对民族服饰文化同样具有很强的干预作用。自然环境的变化固然是影响土家族服饰文化变化的一个因素，不过，影响其变迁更为重要的一个因素是社会环境的变化。可以说，社会环境的变化远远超过了自然环境变化对土家族服饰文化变化的影响。土家族服饰文化的变迁随着时代的步伐在不同的阶段有着不同的表现。最为明显的变化发生在改革开放以后，家庭联产承包责任制等一系列措施的实施，改变了土家人多年以来的生活节奏。过去土家族地区交通不便，很多土家族山寨都与外界隔绝，而现在越来越多的土家人与外界接触，对外面世界的了解增多了。因此，很多土家人能够走出山寨，不仅土家人的生活得到了改善，审美和思想观念也都有了变化，年轻一代的土家人开始渐渐接触现代流行服饰。

改革开放以前，土家族地区自身内部的变化是非常微弱的。由于社会的封闭性和相对停滞的特性，下一代人总是重复上一代人的生活模式。而20世纪80年代改革开放以后，在土家人面前展现的是另一种生活的图景。家庭联产承包责任制为主的农村经济体制改革后，土家族地区的生产积极性得到了激发，特别是现代化信息的传入，对土家人的观念、行为、心理和思维方式影响巨大，使原有的土家族文化得以重新调整和变化。正是由于社会大环境的改变，使土家族文化较之前有了很大的差异性，而这种现象也促使土家族服饰呈现出多样化的发展趋势。

在影响土家族服饰发展的社会因素方面，人口外流所带来的土家人生活习俗的异化更加严重。如今，土家族外流人口导致的与外部文化的广泛接触和接纳，生存环境和工作、生活方式的改变等，必然会造成对本民族原有文化的冲击。例如，土家族传统的文化艺术、风俗习惯、宗教信仰、民族禁忌等民族特性已日渐式微，这些因素都在一定程度上影响着民族服饰文化的传承。因此，社会变化给他们的传统民族文化带来了极大的冲击，在这样的环境下，土家人对社会生活方式的选择决定了其对本民族文化的抛弃或改变，而他们对土家族服饰的改变也是如此。

❸ 现代科技的传入

土家族地区文化的变迁不仅仅受自然和社会环境的影响，我们还能看到土家族服饰的变化与现代科技的传入同样密不可分。由于近几年科技的发展，土家人的生活有了很大的改观，他们的文化也随之发生了较大变化。现代科技的传入使土家人的传统民族文化受到了现代化的冲击。有些传统的生产工具由于科技的传入不得不结束一直以来的使命，很多土家族服饰也因为现代布料与现代服装生产设备的进入而放弃了原有传统纺织工艺的生产、服装材质的运用以及手工自染自制的服装加工，转而使用各种现代面料和批量加工生产的方式。土家族服饰文化作为土家民族文化的一个组成部分，其生命力体现在民族文化的独特性、神秘性、原生性等方面。然而，以工业化、信息化、网络化为代表的现代文化却渐渐地削弱了土家族服饰文化作为一种本民族精神外化的表现。[1]另外，发达地区拥有的经济、技术优势带来了文化传播优势，潜移默化地改变了土家族地区人们的心理和观念，改变着当地土家族原住民的行为，形成了事实上的文化侵入，使独特的土家族服饰文化在现代化浪潮中逐渐被同质化、平均化，被变异甚至消失，从而削弱了土家族服饰文化的本真性。

❹ 传统土家族服饰文化难以融入现代土家人日常生活

土家族服饰在传统土家族社会中固然作为一种不可替代的装束而存在，而在土家族地区传统社会向现代社会转型的过程中，这种传统土家族服饰的变化越来越跟不上现代土家人的审美变化，进而难以融入他们的日常生活。这些大环境的变化能改变、甚至割断传统土家族服饰与本民族文化千丝万缕的联系。现代土家人正潜移默化地在本民族文化和现代文化之间进行调适，试图使两种文化互相适应，甚至整合为一个整体。

改革开放后，随着新生产工具、新技术的不断应用，社会生产力不断提高，城市化进程加快，人口大量流动，当代土家族社会正面临着由封闭的传统农业社会快速地向开放的工业社会转型。而农耕（渔猎）文明，这个土家族传统文化赖以生存和发展的重要基础正在逐渐弱化，甚至已在部分土家族地区消失。这就导

---

❶ 王平. 论土家族服饰的当代变迁[J]. 湖北民族学院学报（哲学社会科学版），2008（3）：1-5.

致了土家族文化生活原有的生产方式、社会行为、风俗习惯、语言文字、思维习惯、审美情趣等都发生了巨大变化，这种变化不是量的简单增加或减少，而是结构的变化，是一种典型的文化变迁，这使得土家族文化全部或部分地失去了植根与繁荣的土壤，同时也丧失了存在和延续的文化环境，这也是文化生态面临失衡状态的表现❶。特别是土家族最具民族特色的摆手舞与梯玛的逐渐消失与变异等一系列生活习俗的变化，最终导致土家族传统文化发生极大改变，这种变迁也体现在土家族民间工艺中工艺水平较高的绝技、绝活方面。目前土家族印染工艺、织锦工艺、银饰制作工艺等装饰工艺基本失传。例如，土家织锦"西兰卡普"的织造工艺在原材料、花纹图案、形制等方面都发生了变化，而且其也不再是土家族日常使用的"花铺盖"（图9-7、图9-8）。如今，纺纱、织布、绣花、做鞋垫，不再是衡量一个土家族姑娘贤惠、能干与否的标尺，土家织锦昔日的地位也大大弱化。

图9-7 改革开放后的土家织锦　　图9-8 现代土家织锦纹样——摆手舞

　　随着与信仰有关的祭祀活动、宗教仪式以及民间礼仪的消失，土家族本民族的服饰也逐渐失去了原有的社会生态环境，它所象征与蕴含的文化内涵已不被土家族民众所重视。传统土家族结婚时穿的露水衣、打露水伞、抢床、甩筷等礼仪的逐渐消失更使得土家族服饰遭受了前所未有的冲击。随着土家族更多习俗的丧失，土家族服饰文化也逐渐不再被本民族所认同，逐步被其他形式的文化所取代，慢慢地淡出了土家人的生活。因此，从文化发展的角度看，土家族文化变迁必然会引起土家族服饰的变化，这种变化有时候是局部的，有时候是以一种渐进的方式，有时候又是以一种突变的方式。如果放任土家族服饰的这种变化仅仅停留在对外来文化的简单模仿和复制上，结果必然是加速这种优秀民族文化的消失。所

❶ 黄琳. 恩施土家族服饰文化生态研究[D]. 武汉：武汉纺织大学，2018.

以，研究如何对土家族服饰文化进行保护、传承与发展就显得尤为重要。

第二节　土家族服饰保护与发展的探索

对于土家族服饰文化的保护与发展，土家族聚居的湘、鄂、渝、黔地区都做出了积极的努力，这些探索主要体现于两个方面：理论研究与实践探索。

一、理论研究现状

21世纪以来，有土家族分布的各州县纷纷都成立了土家族服饰研究机构，有的地区还将土家族服饰研究列入重点研究领域，召开了专门的学术研讨会。很多专家学者开始在理论上对土家族服饰进行多方面的研究。截止到2017年，关于土家族服饰文化的理论研究状况，国内学术期刊中发表有近五十篇论文；除此以外西南大学、中南民族大学、西安美术学院、武汉理工大学、武汉纺织大学等院校也对土家族服饰进行了研究，其中相关的硕士论文有6篇。另外，也有少量相关著作中涉及土家族服饰的章节，如彭英明《土家族文化通志新编》的第九章中记述了土家族的相关服饰。

目前，学术界对土家族服饰的理论研究主要分为土家族服饰的发展变迁研究、基本特征研究、文化内涵研究和创新开发研究等方面。在文化变迁方面，对土家族服饰变迁划分了不同的历史时期及其变迁的原因。在基本特征方面，从服饰的实用性与审美性、民族性与时代性等方面对土家族服饰的特征进行了探析。在文化内涵方面，它们各自从不同的角度对土家族服饰所蕴含的文化传统、风俗礼仪、宗教信仰、图腾崇拜等内容进行了解读。在创新开发方面，从不同的创作实践出发对土家族服饰的创新设计提出了颇有见地的意见。这里特别值得一提的是王平在这方面所做出的贡献，他相继发表了多篇论文，对土家族服饰文化的许多方面进行了论述，并提出创新和开发土家族现代服饰必须做到传承与创新相结合、专家指导与政府引导有机结合等建议。

二、土家族服饰实践的探索

土家族服饰的保护与发展仅仅依靠理论研究是无法完成的，必须让其具备自我的造血能力，将保护理论与实践相结合，更多的赋予其实践性，将其融入市场与现代生活之中进行活态的保护。目前，很多企业与高校从市场化服装、表演服装、职业装等多方面对土家族服饰的创新进行实践性探索，并取得了一定成效。

❶ 土家族服饰走向市场的实践

2002年，湖北恩施民族服装厂研制的土家族大红袍既合理传承了土家族传统服饰中的矮领、对襟、花边等基本元素，又在款式上进行了一定创新，还充实了西兰卡普面料、白虎图案等新的内涵，不仅体现了土家族崇拜白虎的图腾信仰观念，还达到了合理传承与科学创新有机结合的目的。通过对设计原则与步骤的优化，大红袍成为当地重要活动中常穿的礼仪服装，它不仅在恩施本地，而且在重庆地区也具有较好的消费市场。同时，在土家族服饰的设计思路方面，恩施地区的许多设计师对此进行了多年的探索和实践（图9-9、图9-10），提出了土家族服饰设计所需要的六大特性：针对性、美观性、功能性、经济性、特色性、时尚性。在当地政府的支持下设计出了多系列的产品、多品种的土家民族服饰，取得了一定的社会效益和经济效益。

图9-9　湖北恩施的民族服装商店　　　　　　　　　　图9-10　土家织锦开发产品

2003年，为了促进文化与旅游结合发展，推动少数民族文化的传承保护，湖南湘西的一些土家族服饰厂家对土家族服饰的市场化进行了开发。例如，张家界福利芙蓉服装厂生产了一批土家族服装、导游员服装、讲解员服装、土家织锦马甲、挑花手帕、挑花围裙等土家族服饰，这些品种的市场反应都良好。其中值得一提的是，湘西自治州金毕果民族服饰研制中心的高级工艺美术师王钊，十多年来在土家族服饰的传承保护与创新实践中取得了丰硕的成果（图9-11～图9-13）。2008年，王钊设计和制作的土家族传统舞蹈毛古斯服饰以及"奥运之花"表演中的民族服装分别在奥运会开幕式和闭幕式上进行了展演。她在大量田野考察的基础上，深入研究传统土家族服饰并进行了各类型的服装创意设计，在行业内产生了较大影响，得到各地区土家族研究专家的认同。

图9-11　王钊设计作品1（源自金毕果线上服饰商城）　　图9-12　王钊设计作品2（源自金毕果线上服饰商城）　　图9-13　王钊设计作品3

❷ 土家族表演服装的实践

提到土家族舞台服装，不得不说到2003年由武汉纺织大学设计团队和湖北省专业剧团共同编导的《土家情韵》大型歌舞表演剧中的土家族服饰设计。该剧是土家族服饰表演史上规模较大的一次歌舞盛宴。它展现出全新的土家服饰、土家元素、土家艺术，通过民乐、民舞以及民族服饰的变化来刻画土家人的风俗习惯，并运用声、光、电等现代技术手段，立体演绎和展示土家族优秀的民族文化。这场歌舞服装表演有6大系列，共计80款土家族服饰，来自武汉纺织大学的设计团队通过对土家族服饰的创新和土家族文化元素的大胆运用，增强了舞台效果，烘托出浓烈的土家气息，生动形象地展示了土家族的艺术之美、服饰之美。最终，该系列服装在昆明举办的首届中国民族服装博览会上荣获多项金奖，在武汉、恩施等地受到好评。

几年后，同样一位来自武汉纺织大学的设计师——孙菊香教授，在2010年湖北组队参加央视第十四届"青歌赛"之时，又一次为我们展现出了土家族服饰舞台装的创新。该设计作品就是专为其中的"毕兹卡"组合量身打造。该服装无论是色彩的选取还是图案的运用都以土家族传统元素为设计要点，力求表现出土家族服饰的原生态生活和风情风俗（图9-14～图9-16）。土家族服饰文化元素经过巧妙提炼、有机整合，以土家语"毕兹卡"为鲜明的符号表现出来，使舞台服装充满浓郁的土家风味；又配合舞台音乐欢快、活泼的基调，朗朗上口的土家旋律，使得整个表演服装既具有土家特色，又富有时代气息，较好地彰显了土家族服饰质朴、洒脱的美好形象。富有土家民族情韵的歌舞表演与传统的土家族服饰交相辉映，极大地增强了舞台的表现力，为后来演唱金奖的夺取增光添彩，同时也通过舞台表演提高了土家族服饰的知名度与美誉度。

图9-14 青歌赛中的表演服装1（孙菊香设计）　图9-15 青歌赛中的表演服装2（孙菊香设计）　图9-16 青歌赛中的表演服装3（孙菊香设计）

图9-17 《高山之巅》舞台服饰1（李涵寒设计、闫京东摄影）

2017年9月，由湖北省五峰土家族自治县歌舞剧团精心打造的原创大型民族音乐剧《高山之巅》，讲述了全国优秀共产党员、全国脱贫攻坚先进个人、中国好人罗官章的故事。该剧服装设计师李涵寒本着写实为主、还原年代记忆的设计理念，对土家族服装款式进行还原性保留，为达到舞台色彩的效果，坚持只对其色彩和工艺进行艺术加工和创新（图9-17～图9-19），得到了很好的社会反响。特别是其服装中的设计理念尤为难得，对传统服饰文化的保护与传承起到了很好的示范效应。

图9-18 《高山之巅》舞台服饰2（李涵寒设计、闫京东摄影）

图9-19 《高山之巅》舞台服饰3（李涵寒设计、闫京东摄影）

❸ "接地气"的土家族风格职业装实践

土家族服饰的保护与发展在很多人看来需要经过理论与实践的相结合，而这种结合并不是孤立的结合。所以，一方面土家族服饰要想重新获得活力与生机就必须加强与政府和企业的积极合作，通过调动本地域的资源来发展土家族服饰（图9-20）。而另一方面，对于民族文化的保护和民族元素的创新也是土家族各地区政府的责任与义务。由此可见，对于相关行业职业装的设计在注重实用之上，也要突出当地土家族文化特征，必须体现出职业属性和

图9-20 土家族服饰的创新探索

地域属性这种双重属性（图9-21、图9-22）。在这一方面，西南大学教授梁明玉对此进行了探索。例如，2005年她考虑如何在重庆石柱县工作人员的职业装设计中体现职业属性的同时，也充分融合了土家民族风情这一主题。而这批作为"接地气"的地方工作人员职业装最终达到了兼顾职业性和民族性的目的，让制服中的民族元素与地域环境、民族风情相映生辉，巧妙而自然。通过对具有土家族风格的职业装设计，梁明玉将传统土家族服饰的元素融入土家族地区的现代服饰中，实现了传统服饰文化与现代文明的结合。

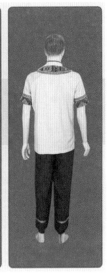

图9-21 土家族礼仪小姐套装   图9-22 土家族服务人员男式套装

　　在土家族服饰的实践探索方面，经过多年的努力，取得了一定的成效，如在色彩、图案、细节方面都表达了民族风情的主题性，但又在民族元素的使用上充分考虑了服装的识别性和服用环境，将服装上装饰的具体形态与穿着场合联系起来。这些探索成果在土家族服饰的应用方面，几乎都有着对土家族传统服饰的借鉴与创新。对土家族服饰图案和色彩搭配的直接大面积应用在他们的设计中很难看到，这也表明了土家族服饰的实践探索从解构主义入手，在重构中进行创新与运用将是未来具有土家族风格的各种服饰发展的趋势。

第三节　土家族服饰文化传承与
发展的几点思考

从本书的前几章中可以看到，土家族服饰以丰富的民族文化意蕴与多元的织造技艺的完美结合，构成了有形有感的物质文化载体。土家族服饰不仅具有土家族自我认同、民族标志和识别象征的功能，还在历史发展进程中成为本民族外部特征的重要标识，其所处的自然环境和社会环境也与本民族的生活紧紧相连，对土家族的文化传统产生了重要影响。土家族服饰文化在历史上与其他外来文化相互吸纳、互为交融的过程中，长短互补，形成了土家族服饰的灿烂文化，在长期曲折而又艰难的发展历程中实现了其价值。

今天土家族服饰文化所依托的社会环境与人文生态已发生了变化，因而它的保护、传承和发展成为亟待解决的新课题。在国家启动的非物质文化遗产保护项目中，少数民族服饰已被列入其中，并归在"民俗"事项类，这为土家族服饰文化的保护与传承提供了一个全新的模式。在非物质文化遗产保护的语境下，我们提出以下几点思考。

一、秉承传统、不失其本——进一步挖掘土家族服饰文化内涵

土家族服饰文化伴随着土家族文化历经数千年发展，在外来文化的影响下，依然保留了自己鲜明的文化特色，其服饰品类的多样性、款式的质朴性、功能的便捷性，以及在色彩上追求尚黑喜红、色彩斑斓的特点，体现出土家民族崇尚自然的炙热情感。土家族运用自己的文化、智慧和独特的审美观创造出了丰富的纹样图案和特有的服饰变化妆饰，并用智慧浇灌出了精美的土家织锦，在服饰中还创造出别具特色的包头装以及低调奢华的土家族银饰。这些具有极高艺术价值的服饰艺术散发着浓郁的民族民间特色，在土家族原始宗教信仰和原始艺术土壤的滋润下，自然而然地形成了一种朴实、精良的服饰文化内涵。但土家族服饰在面临现代化社会的转型之时，其本身的发展显得力不从心，文化内涵也出现了逐渐消失的态势。在现代化的改造中这种文化被削弱了，目前只有偏远山区的老人

（图9-23）和小孩的衣着打扮保留着土家族的历史遗存。从服饰制作的角度来说，土家族自纺、自织、自染的土布服饰在现代化大工业生产中几乎绝迹。而从土家族服饰纹样的审美来说，当年注重朴素大

图9-23　土家族服饰在边远山区的最后留存

方与简洁庄重、洗去铅华尽显质朴的土家族服饰却在当代流行时尚产业下成为被遗忘的对象。所以在发展与创新服饰之时，必须要秉承民族传统，不失文化之本，最大限度地保留土家族服饰文化的本真性。

从非物质文化的概念来说，土家族服饰的布料、饰品等属于"物质文化"，但与它密切相连的纺织、印染、裁剪、制作、刺绣及装饰造型等传统手工技艺却属于"非物质文化"。尤为重要的是，民族服饰所表达出的款式的地方性特征、历史记忆、图案与色彩中所蕴含的深刻寓意，以及日常穿着中所表现的民俗礼仪，都是无形的文化，也是服饰的灵魂、服饰的生命，它们与物质的服装一起，构成了服饰文化的内涵，是非物质文化遗产保护与传承的主体。

因而，我们一定要防范和避免一些客观的问题，如在土家族服饰文化的传承和发展中，人们很容易将保护与传承土家族服饰文化理解为仅仅珍存它外在的款式风格、斑斓色彩、独特图案，进而到它的本土原料、工艺流程、制作技术等，而忽视其背后的人文精神。也就是说我们容易守其形，而略其魂。其结果是，人们只看见了传统的或被改革了的更加新颖的款式风格、更加斑斓的美丽色彩、更加创新的独特图案，却忘却了这些新颖款式风格背后的人文意境，忘却了斑斓美丽色彩和图案背后的文化内涵。这样，对土家族服饰文化传承和创新就很容易变成一种形式、一具躯壳。人文精神流失了，服饰文化便成了外在装饰，从而失去了服饰的血脉，失去了文化的"根"。

二、抢救保护、形式多样——还原与复制土家族传统服饰的重要性不容忽视

目前，就如何创新土家族服饰，有很多专家和企业家都进行了尝试，他们创新传统土家族服饰的根本在于通过对原有土家族服饰艺术特征的改造来表达现代土家族服饰的诉求，这实际上仅仅只是对具有土家风格的服装的创新。那么究竟什么是传统的土家族服饰，以及创新的根本是不是基于原汁原味的土家族服饰，这就需要深入到土家族服饰的流行地域进行田野考察和资料整理，这样才能正确地把握土家族服饰的根基所在。传统的土家族服饰有少量的还残存于土家族民间，需要我们去进一步地发现和挖掘。所以在田野考察的基础上应积极对土家族服饰加以准确地、真实地还原和复制，通过对土家族服饰"文象"的保护来挖掘土家族服族饰的"文脉"，进而把握其服饰文化本真性所在，否则盲目的创新只能是无本之木和主观臆造。

因此，通过有效地收集和整理传统土家族服饰的相关资料，进一步了解哪些

图8-24　穿着民族服饰的土家族代表

是土家族服装的基本元素、哪些不是，进而在土家族服饰创新中注意哪些是能改变的、哪些又是不能撼动的民族文化特征。如果对来自于民族文化的本源的东西把握不好，那么就无法理解什么是真正的土家族服饰，何谈发展与创新？只有在这种前提之下发展土家族服饰才能为未来的创新打好基础。因而我们一定要在挖掘整理的基础上认真做好还原和复制土家族传统服饰的各项工作（图9-24）。2018年12月在武汉纺织大学举办的武陵山区土家族苗

族服饰民俗传承人群研修班上，土家族学员经过对文物本身及其相关材料的研究的基础上，对代表本民族具有个性物征的土家族服饰进行了复原（见附录二）。学员们通过复原找到了土家族的文化根脉，为日后土家族服饰的传承、发展、创新奠定了基础，明确了方向。

除此之外，博物馆的静态保护也是极其重要的，其内容主要包括建立服饰文化资料库、博物馆或展示中心，对传统土家族服饰进行严格保存和保管。静态保护并不是让文化成为定格的生活原型，而是利用先进的现代技术手段，将土家族服饰文化的过去或现在的内容通过制作成照片、光碟、影片、磁带等影像资料，存入博物馆、图书馆或信息库，以利长期保存，或作为展示内容以持续保护与传承。这样，即使有的服饰即将不复存在，我们亦能看到实物过去的款式、线条、图案、色彩等资料，真正拥有这一遗产。除了对历史的服饰实物进行收集，送进博物馆永久保存外，将上述种种进行系统整理，在今后的若干年也可以了解到自己民族的服饰是以怎样的方式演进的。这是一种对文化根脉的历史记录，也是一笔巨大的遗产资源。因此，只有将静态保护与还原复制土家族服饰相结合，才能于真正意义上让传统服饰成为土家族的民族文化标识和符号象征，这一点是不可动摇的。

三、传承发展、核心基因——重点保护服饰文化中所蕴含的精神文化

从非物质文化的角度出发，在少数民族服饰的保护、传承与发展中，寻求文化生存十分必要。精神文化是非物质文化最显著的特征，它体现了民族个性、蕴含着民族精神。因此，我们要特别重视保护与传承土家族服饰文化中所蕴含的精神文化。因为精神文化的主要内容是服饰文化基因库中的核心基因组，对它的传承与发展是至关重要的。具体来说，主要包括民族服饰的文化底蕴、民族服饰的个性物征以及民族服饰的特色。❶

土家族服饰中所表现出的精神诉求、所寄托的崇拜情结、所蕴含的精神信仰以及所折射出的审美观念等，都是土家民族服饰的文化底蕴，对此我们要特别重视保

❶ 冯敏，张利. 论民族服饰与非物质文化遗产保护[J]. 四川民族学院学报，2011（5）：16-21.

护与传承。从本书的前几章可以看到，土家族服饰文化中精彩纷呈的斑衣罗裙、尚黑喜红的着装配色、工精艺美的纺布织锦、传情达意的边花锦纹、别有风韵的巾帕银环，都蕴含了浓厚的地域风貌、民俗习尚、宗教信仰、审美意识等内容，集中反映了土家民族因自然环境和社会生态等方面所形成的传统观念和心理素质，是土家民族服饰文化的重要组成部分，应该保护与传承。这些"无形"的文化在现代化的冲击中特别容易淡出，而这也正是服饰作为非物质文化遗产保护的难点。

民族服饰的个性物征即民族服饰的表征（图9-25），从某种意义上来说，也是一个民族的标识。民族服饰之所以具有表征意义，就是因为它可以通过独有的表现形式强化身份和特点。民族服饰如果不能成为一个民族的代表性符号，它的表征意义即已丧失。土家族服饰具有鲜明的民族特色，是与土家民族历史、自然与社会生态环境以及民族审美观紧密相连的一种载体。土家民族如果没有历史上的民族战争，就不会在土家民族服饰上留下八幅罗裙的造型；如果没有艰辛的纺布织锦，就不会留下土家织锦中历史记忆的图像。这些都在长期历史发展中逐渐成为土家民族所认同的服饰个性物征，都是民族服饰文化的根脉与标识，也是服饰中精神文化的表现。对此我们一定要加以很好的保护与传承。

图9-25　70届戛纳国际电影节上的土家族元素礼服及手稿（土家族文化名人邓超予与知名设计师邢永同设计）

坚守土家族服饰文化的民族特色，即是坚守民族文化的根脉。各民族服饰的不同风格，都是各自民族性格的象征和文化心理结构的物化。土家族服饰文化中的民俗礼仪，无不彰显着这个民族的特色。土家族服饰色彩尚黑喜红，对比强烈，绚丽多彩。男装彰显土家人的质朴干练，女装突出土家女性的风韵多姿，群体性服装表现的气势之美，显示了土家儿女的豪迈气概和集体合作意识，这正是我们所要坚守的民族服饰特色。

土家族服饰在长期的历史演进过程中，承载着本民族历史悠久、绚烂多彩、开放豁达、积淀丰厚的民族文化，更体现了土家人在民族的生存与发展历史进程中对人生幸福和未来的追求。它们都是土家族服饰文化基因库中核心基因的主要内容，对它们在这一基础上的创新才是真正意义上的传承与发展。另外，从非物质文化遗产保护体系来看，民族服饰文化往往是由多个方面组成的，它是一个生态整体和文化整体，保护就必须是一个系统工程。保护时不能只重视代表性事项，轻视或割弃其他相关事项，而应把与它休戚相关的整体结构一起加以保护。因而对土家族服饰的保护与传承，不能只注重服饰本身，与它相关的纺织生产、服装设计、裁剪制作、配饰工艺、民俗活动乃至市场销售等，作为一个有机的文化链，都要同时进行保护，缺少任何一个环节，其保护本身都将被削弱和偏离。

服饰文化是一种将民族的过去、现在和将来连在一起的文化链，显示着它的稳定性、连续性和生命力，与时俱进是发展的血脉，因此它又体现出时代的特色。从服饰发展史来看，每个民族的服饰也是在不断发展变化着的。我们不能只满足于传统而与时代保持"距离"，只有不断丰富和完善服饰文化内涵、变革和创新服饰表现形式，才能促进土家族服饰文化的保护、传承和发展。

参考文献

[1] 沈从文. 中国古代服饰研究 [M]. 上海：商务印书馆，1981.

[2] 周锡保. 中国古代服饰史 [M]. 北京：中国戏剧出版社，1984.

[3] 冯泽民，刘海清. 中西服装发展史 [M]. 北京：中国纺织出版社，2008.

[4] 钟茂兰，范朴. 中国少数民族服饰 [M]. 北京：中国纺织出版社，2006.

[5] 殷广胜. 少数民族服饰（上、下）[M]. 北京：化学工业出版社，2012.

[6] 苏日娜. 少数民族服饰 [M]. 北京：中国社会出版社，2011.

[7] 舟博仁. 土家族服饰传承、研究、创新 [M]. 武汉：长江出版社，2011.

[8] 《土家族简史》编写组，《土家族简史》修订本编写组. 土家族简史 [M]. 北京：民族出版社，2009.

[9] 彭官章. 土家族文化 [M]. 长春：吉林教育出版社，1991.

[10] 彭英明. 土家族文化通志新编 [M]. 北京：民族出版社，2001.

[11] 罗彬，辛艺华. 土家族民间美术：增补版 [M]. 武汉：湖北美术出版社，2011.

[12] 田明. 土家织锦 [M]. 北京：学苑出版社，2008.

[13] 汪为义，田顺新，田大年. 湖湘织锦 [M]. 长沙：湖南美术出版社，2008.

[14] 王文章. 非物质文化遗产概论 [M]. 北京：文化艺术出版社，2006.

[15] 柏贵喜. 转型与发展：当代土家族社会文化变迁研究 [M]. 北京：民族出版社，2001.

[16] 郑巨欣. 民俗艺术研究 [M]. 杭州：中国美术学院出版社，2008.

[17] 张惠朗，向元生. 土家族服饰的演变及其特征 [J]. 中南民族学院学报（哲学社会科学版），1990(4).

[18] 田永红. 黔东北土家族服饰文化 [J]. 贵州民族学院学报（社会科学版），1991(3).

[19] 何晏文. 我国少数民族服饰的主要特征 [J]. 民族研究，1992(5).

[20] 田少煦. 湘西土家族盖裙图案考析 [J]. 贵州民族研究，1998(3).

[21] 冯敏，张利. 论民族服饰与非物质文化遗产保护 [J]. 四川民族学院学报，2011(5).

[22] 胡敬萍. 中国少数民族的服饰文化 [J]. 广西民族研究，2001(1).

[23] 李嘉. 土家族"西兰卡普"的文化特征简析 [J]. 中南民族大学学报（人文社会科学版），2007(5).

[24] 王平. 论土家族服饰的民族性与时代性特征 [J]. 中南民族大学学报（人文社会科学版），2008(1).

[25] 王平. 论土家族服饰的当代变迁 [J]. 湖北民族学院学报（哲学社会科学版），2008(3).

[26] 李春莲，张馨文. 论土家族服饰视觉信息符号的情感传达 [J]. 湖北民族学院学报（哲学社会科学版），2008(6).

[27] 金晖. 从土家族服饰探讨其民族朴素的审美追求 [J]. 大众文艺（理论），2008(7).

[28] 王平. 论土家族服饰的文化内涵 [J]. 湖北民族学院学报（哲学社会科学版），2009(3).

[29] 李克相. 土家族传统服饰及其文化象征——以沿河土家族自治县及周边地区为例 [J]. 南宁职业技术学院学报，2010(2).

[30] 高应达，赵幼立，皮坤乾，等. 铜仁土家族的服饰与审美观 [J]. 铜仁学院学报，2010(4).

[31] 王平. 近年来土家族服饰研究述评 [J]. 铜仁学院学报，2010(5).

[32] 杨鹏. 酉水流域土家族服饰文化变迁及其原因——以"酉水三区"为考察中心 [J]. 长江师范学院学报. 2017(6).

[33] 黄子棉. 现代印染工艺在土家族服饰设计中的运用 [J]. 染整技术. 2017(10).

[34] 谭志国. 土家族非物质文化遗产保护与开发研究 [D]. 武汉：中南民族大学，2011.

[35] 唐卫青. 土家族文化变迁 [D]. 武汉：中南民族大学，2005.

[36] 胡建荣. 土家族服饰符号语义探析 [D]. 武汉：武汉理工大学，2009.

[37] 刘丽丽. 民族服饰元素的时装设计应用 [D]. 重庆：西南大学，2010.

[38] 黄琳. 恩施土家族服饰文化生态研究 [D]. 武汉：武汉纺织大学，2018.

附录一

黄琳硕士论文《恩施土家族服饰文化
生态研究》（节选）

武汉纺织大学2015级硕士研究生黄琳撰写的学位论文《恩施土家族服饰文化
生态研究》，将土家族服饰文化置于文化生态学这一全新的视域中，结合深入的
田野调查，运用多学科交叉方法，对土家族传统服饰文化生态的动态平衡提出了
卓有见地的保护思路，这里节选其中的第四、五章，以飨读者。

第四章　恩施土家族服饰文化生态现状与分析

服饰文化生态的平衡与稳定是恩施土家族服饰文化得以良好发展的前提，自
然生态环境和社会生态环境中的各个方面在社会历史发展过程中不断发生着变化，
从而导致原来互相适应的模式被改变，甚至使关系链断裂，以致恩施土家族服饰
文化赖以生存发展的生态关系网络失去平衡，最终使服饰文化自身内部各方面都
受其影响而呈现出一些异常的现象，危及恩施土家族服饰文化的发展和传承。

4.1　恩施土家族服饰文化生态的现状

经历千载风云变幻，蕴含深妙艺术文化的土家族服饰行至今世，在与现代文
化的碰撞交融之下呈现融合与式微趋势。笔者经过对恩施地区的田野调查，同时
结合自身在该地区长期生活的所见所闻，分析认为，土家族服饰式微的重要原因
在于其文化生态的动态性平衡失调，换言之，即如今恩施地区的文化发展状态与
传统土家族服饰产生了诸多方面的"不适应"，从而导致了传统土家族服饰文化的
"不适应综合征"，服饰文化生态环境失衡主要通过对恩施土家族服饰文化的原料
工艺、生存空间、物质载体、相关产业等方面的影响表现出来。

4.1.1 土家族服饰的原料与工艺

恩施土家族服饰产生发展的重要物质基础是服饰织染原料，土家人利用棉花、葛麻、苎麻的纤维纺线、织布、做衣服，用蓼蓝、栀子、五倍子这样的天然植物染料为布料染色，用采来的棕衣做雨衣、鞋子、斗笠，用陆谷串做项链（恩施土家人把薏米叫陆谷，薏米外壳坚硬光滑，遂就地取材用线穿成串做项链、手串等装饰身体，并延续至今天），用棉花做棉衣棉鞋等，传统恩施土家族服饰对于利用天然材料有很高的造诣。到了现代社会，土家族服饰的原料和工艺都已经发生了巨大的变化，传统服饰原料有被新的现代材料取代的，也有越来越受到人们喜爱的；传统的服装相关技艺有的面临失传，也有的转移到服装以外的领域继续传承。

现今恩施地区的土家族人虽然还偶有种植棉花的，但是量很小，采收的棉花也都仅供自家使用，多用来制作新棉被，给即将出嫁的姑娘作为陪嫁物品，不再用来纺线织布做衣服。恩施地区人们现在冬天穿的棉袄和棉鞋中加厚用的填充棉也不再是棉絮，而是化纤填充棉。同为纺织原料的还有苎麻和葛麻，苎麻纤维是土家族人最早使用的自然纤维之一，在恩施各地都有分布，有野生苎麻和种植苎麻两种，虽然种植量很少，但是至今在恩施地区仍有种植和使用，而且提取麻丝的技艺仍然是原始的手工操作，得到的麻丝多用来捻线制作传统千层底布鞋。纳这种布鞋鞋底需要十分耐用的线，而苎麻纤维具有的高韧性和强抗腐蚀性特点，使它一直是恩施土家族人制作手工布鞋鞋底的首选线材。但是葛麻已经不再被用作纤维原料，而是在农村作为人们就地取材的"绳子"，用于捆扎柴禾，少量用于制作藤编工艺品。棕衣是恩施地区的特殊天然服饰原料，多为野生，从起初的直接披戴于身，到后来的裹脚、做床垫、缝蓑衣等，至目前它的使用和存续情况良好。野生棕树在恩施农村地区亦随处可见，人们依据它透气、耐腐蚀、防潮等特点，结合现代机械生产制作床垫、鞋垫、绳索等特色产品，受到市场认可广销各处。

传统服饰着色也多用天然的植物染料，而且传统染整技艺通常在棉质和丝质布料上进行，但丝质面料相比其他材料而言比较昂贵，所以染色处理的多是棉布坯。自从20世纪70年代着色固色方便快捷的西方合成染剂传入之后，恩施地区的服饰面料便告别了自织自染的土布，从而使这种染色技艺也被人们所放弃；其原料也不再有人专门种植，进而成了人们眼中的杂草，甚至很少有人知道它们还能用于纺织品染色，比如蓼蓝。恩施地区天然染色原料植物中仅有五倍子的利用状况较好，由于现代技术能从中提取多种染色成分，故而至今仍旧有人采摘售卖。市场上也有人专门收购，不过多是采摘野生五倍子晒干后售卖。极少有大面积人工种植五倍子树的，只是农村地区农民的季节性副业之一，所以产量有限。

现代技术的产生和发展，一方面代替了原来的原料和工艺，一方面又拓展了实用性高的天然原料的发展之路。恩施土家族服饰文化中的原料技艺方面，目前正处于传统与现代并存的状态之中，服饰文化与自然环境的关系正在减淡，服饰文化生态要素间的互相影响也越来越小。

4.1.2 土家族服饰文化的生存空间

恩施土家族服饰文化产生发展于恩施土家族人的生产生活中，它的生存范围也应该是以此为中心分布的，但是现今土家族服饰文化的存留现况却与恩施土家人的日常生活距离越来越远。人们不再进行与土家族服饰文化相关的各种活动，传统土家族服饰文化在其生活中失去了赖以存续的基本条件，致使传统土家族服饰文化的留存现状呈现出边缘化的状态。这种边缘化有三层含义。

第一层是指土家族服饰的现存地域范围的边缘化。显而易见，恩施土家族地区的社会经济发展并不平衡，在发展缓慢的农村地区，一些观念传统的老人仍旧穿着民族服饰，坚守着民族服饰文化的直接载体。当然即使农村地区也都存在着发展状况的差异，因为人们不同程度地接受到现代服饰文化的渗透，在服饰穿着上就会呈现出不同程度的保留。再加上土家族聚居区现已很大程度上进入现代化，传统服饰的生存空间进一步被压缩，导致其分布范围呈现出互相分离的片状、带状甚至点状，不易再形成完整的生存片区。文化生态环境中各要素也随之变化，生存范围缩小，互动关系链断裂，直接导致了土家族服饰的严重生存窘境。

第二层含义是指土家族服饰文化只被部分领域的人们所选择，也就是说土家族服饰的使用范围出现边缘化。当传统土家族服饰占据土家人所有衣生活的时候，他们一定会穿着自己的民族服饰去进行所有的生产、生活、社交、娱乐等活动。而如今的状况是传统土家族服饰仅仅体现在旅游、餐饮、舞台表演、博物馆、民俗活动表演等行业的部分人员身上，作为演出或工作时的专用服装而使用；在日常生活中这些人们也都是跟随着潮流穿现代服装，土家族民族服饰对于人们而言不再那么"有用"，这与土家族服饰的便装化有着重要关联。传统土家族服饰在演化发展阶段受到强力的干扰，致使发展受阻而无法完整流传，从而在客观上也迫使人们不得不吸收当时汉族等其他民族的服饰元素，这也为之后土家族服饰进一步被"汉化"埋下了伏笔。

第三层含义则是指当今的土家族服饰本身的体系和功能不具有原生民族服饰体系的完整性，仅余部分服饰元素仍与人们的生活有联系。这里有两种情况，一是直接从原生态的土家族服饰体系中留存下来的土家族服饰元素，这种情况的留存环境与传统土家族服饰文化的生态环境有着极大的相似性，有很多服饰文化信息的原始性得以保留，如至今仍旧随处可见的包头帕就是最典型的例子；另一种情况是对于相对完整的土家族服饰文化体系的有意改变，如为适应现代舞台表演的需要，以原生土家族服饰为原型设计出来的系列演出服饰等，就是在保有原来服饰特色的基础上进行夸张、变形、重组等手段来实现舞台化的。如今市面上的土家族服装多为改装设计之后的表演类服装，色彩鲜艳明丽，珠绣花饰繁杂，甚至组合不同民族的服饰元素用于一个作品，多在演出和节庆活动中穿用，但已不适于日常生活中穿着。

民俗活动是土家族服饰文化的重要载体，恩施地区土家族民俗民风浓郁，民俗中最具代表性的三大礼俗分别是诞生礼、婚礼、葬礼。恩施土家人对这三大礼仪的仪俗格外重视，而且都与服饰文化有关。首先是诞生礼，即"打三朝"（出生三日宴席）、"挖周"（满周岁宴席）的习俗，孩子的外婆会准备丰厚的礼物给小孩庆祝"打三朝""挖周"，这周岁礼中就包含了一些衣服、鞋、帽等服饰品。过去土家族姑娘结婚时穿的婚服是在传统土家族便衣基础上搭配八幅罗裙和增加刺绣等装饰制作而成的。不过令人遗憾的是，当今恩施土家族年轻人结婚时，新郎穿的是西装礼服，新娘穿的是白婚纱、改良旗袍、改良汉族嫁衣——绣禾服、龙凤褂以及现代礼服等，鞋子也不是土家族人的缀珠子绣花布鞋，而是以现代女士的高跟鞋为主。恩施土家族人的葬礼习俗尤为独特，但是随着人们生活的改变也发生了很大的变化。在诸多对于土家族服饰的研究中，较为容易忽视体系中专门给逝者穿用的"老衣""老鞋""老被"等。过去恩施地区的土家族老人逝世之后入殓穿着的"老衣"多是其子女提前准备好的，比如"老鞋"必须由老人的女儿亲手制作，鞋底外部还会刺绣一些花卉图案。但现今仅仅在农村地区的部分老人逝世后采用土葬时才仍旧穿着老衣、老鞋等，而且就算仍旧穿用，也是直接在集市上的裁缝铺里购买或定做的，极少有自己动手缝制的。款式也有了变化，以前逝者入殓时头上包的是黑色平纹布帕，现在为了省事直接戴帽子，此外也只有一双鞋底很薄且无绣花装饰的"老鞋"。

4.1.3　土家族服饰文化的有形载体

服饰文化物质载体是恩施土家族服饰文化生态系统中最易于被感知的元素，它能直观反映出恩施土家族服饰的典型特征、存续状况。恩施土家族服饰文化的物质载体包含人员要素和物体要素，前者是恩施土家族服饰文化的活的载体，如穿着者、制作者、售卖者等；后者是指能体现恩施土家族服饰文化的具体物质表现形式。除了土家族服饰本身，还有织绣染技艺、纺织服饰市场、民族歌舞表演等，都能反映恩施土家族服饰的文化信息。

时至今日，一部分传统的土家族民间美术和技艺，以文物、非遗等途径被保存了下来；但其形式、功能和性质都发生了改变，由活态生存变成静态展示，从以实用功能为主变成以教育宣传功能为主，从民俗性质变成了表演性质。服饰并不与大众生活紧密联系，只有少数人穿用，失去了民族服饰的民俗性和大众性特征。不仅如此，一些流传在民间的"老物件"也被一些人收藏甚至倒卖、传统建筑被钢筋混凝土楼房取代、传统的生产工具被闲置、传统的织绣技艺在年轻一代这里几乎失传，诸如此类都是其流失的佐证。后人想要通过社会生活中的痕迹去探寻传统土家族服饰文化的方式将不再生动、现实。

人口双向流动，促进现代文化与传统土家族文化的交流。在恩施地区的土家族，其传统的生计方式单纯，收入来源渠道极少，仅仅依靠农业生产维持生活。但是换取的收入难以维持整个家庭开支，且与人们逐渐增长的发展需求不相适应，迫使大部分人放弃农业生产这一传统经济来源，转而外出到城市中去寻找工作机会以获取经济收入，所以进城务工的收入逐渐成为农村地区土家人的主要收入来源。求学外出也是恩施农村人口向外流动的一个重要方式，学子们奔赴全国各地求学也在一定程度上推动了恩施土家族文化"走出去"的步伐。此外，不仅是区域内人口外流，大量的外部人口进入恩施地区旅游、工作等，也将外部文化带入到恩施地区，在与恩施土家人的交流往来中互相影响着彼此的服饰文化观念和行为。

4.1.4 土家族服饰文化的相关产业

传统的恩施土家族服饰文化与产业的联系是后来新发展起来的文化生态关系。自改革开放以来，恩施地区的社会经济也迅速发展，土家族人的生活发生了天翻地覆的变化，一些新兴起来的产业形式如旅游业、连锁服装零售业等，对现今恩施地区人们的生活有着深刻的影响。例如，大量现代连锁服装店的诞生将恩施地区的服饰潮流与全国各地的服饰潮流相统一，使恩施土家人的衣生活走向了追求潮流的道路。人们物质生活条件改善的同时，精神生活也越来越丰富，现代土家族人对于服饰的情感更多倾向于民族情结的表达。恩施地区近年来着力通过发展旅游业来发展区域经济，旅游的兴起使恩施地区的人口流动性进一步加大，也使得土家族能有更多机会接触到外界的文化，加速了外界文化对恩施土家族服饰文化的影响。

由于恩施地区近年来主打旅游产业建设，大量来自国内外的游客进入恩施地区。旅游产业是恩施地区的新兴产业，它对恩施土家族服饰带来的影响广泛而深刻，不仅是通过游客将外面的文化带进恩施土家人的视野和生活中，深深影响着土家族人的服饰文化，同时也促使恩施土家族人形成了对自我民族服饰文化的新认知。因为旅游宣传打出了民族风情牌，自然众多慕名而来的游客都希望看到原汁原味的民族文化，服饰民俗就是其中很重要的看点。但是目前在恩施地区的景区、旅游商业区，如土司城、梭布垭石林、腾龙洞、恩施大峡谷、彭家寨、女儿城等的民族纪念品店铺内陈列的服饰类产品都有很强的去原生性问题，即过度设计、过度追求夸张、过度装饰等问题明显。这些商品都是以原生服饰为蓝本的衍生款式。原生服装不适合现代的生活、生产、娱乐场合导致需要结合现代设计进行改良后再投放市场销售，虽然取得了经济效益，但并未体现出恩施土家族服饰文化的社会效益，它们所传播的并非真正的土家族服饰文化，反而形成了一种误导性，贻害了今后的规范发展。这是盲目逐利带来的危害，完全以消费者的要求来设计开发的土家族服饰文化产品，从本质上说根本就不是土家族服饰产品，不具有代表性，无法传达恩施土家族文化信息，不利于弘扬土家族服饰文化，也不利于民族文化旅游产业的长远健康发展。

另外，恩施地区民众在乐舞艺术审美上的转变也使得传统的表现民俗风情的音乐舞蹈等艺术形式在形式、内涵上发生着变化，传统单调的服饰文化也无法再满足现代人的艺术和娱乐需求。土家族服饰现今正处于尴尬的生存状态中，民族民俗艺术舞台是它重要的生存空间之一，但是随着现代舞台表演艺术的变迁，使得在舞台上作为道具、演出服生存的土家族服饰不得不更多地向舞台表演的需要妥协，而被进行更大程度地去原生性改良设计。过去的地方戏、山歌、民族舞蹈、祭祀集会，恩施土家人都穿传统服装进行，当将这些情景搬到现代舞台上表演时，人们为了追求更好的视觉效果，便放弃了原来的服饰文化风貌。尤其这样的表演很多时候是面向恩施地区内民众演出的，那么在舞台艺术的传播下，传统土家族服饰的形象进一步被弱化，人们的认识被不停地错误引导，使传统服饰在人们认知情感上的生存空间也所剩无几。

4.2 恩施土家族服饰文化生态现状的分析

文化生态学的首提者J.H.斯图尔德也曾指出，"人类作为环境总生命网中的一部分，与人类生成体构成一个亚社会层，再将文化因素引入其中，在此基础上形成文化层，两者相互作用和影响，构成一种动态的共生关系，正是这种共生关系，它实现了对人类一般的生存和发展的影响，同时还实现了对对应文化的产生和形成的影响，并根据这种共生关系下的差异性交互作用发展出不同的文化类型和文化模式。"❶对于恩施土家族服饰文化生态系统当前的状态而言，其原料与工艺的变化、生存空间的边缘化、物质载体被破坏、相关产业不健全等失衡现象的背后，是在生产方式变迁、思想观念转变，加之受到外来文化的强势渗透以及保护开发出现偏差等深层原因的作用下表现出来的。

4.2.1 民族服饰文化生态失衡理论的提出

文化生态学是借用生态学的研究方法研究人类文化的学科，它将人类生存的环境看作是一个互相关系的总网络，内部各要素互相作用和影响形成关联，并在历史发展中保持着动态性平衡演变。民族服饰文化生态环境主要包含着其赖以产

---

❶ J.H. 斯图尔德，玉文华. 文化生态学的概念和方法[J]. 世界民族，1988（6）：1-7.

生和发展的自然环境、生产技术、社会制度、文化观念等方面，它们之间相互作用和影响的"关系"是维持其文化生态环境平衡稳定的决定性因素。当这种关系消失或被破坏、打乱都会造成文化生态环境的动荡与失衡，从而导致民族服饰文化的变革甚至消亡。

在文化生态失衡理论提出的基础上，方李莉博士曾这样描述："在全球经济一体化的今天，人类的核心文化正在趋于类同，高度发达的工业文明，使人们住在大同小异的、各种装着空调的方盒子式的建筑里，漫步在大同小异的霓虹灯下的街道上，购物在大同小异的超级市场中，观看在迅速传播着各种同样信息的大众传媒前，采用着几乎相同的生活方式、消费方式，甚至穿着同样的流行服装……"❶ 在此，方教授质疑了这种境况下产生的服饰文化是否还具有与原生传统文化相同的文化本质，她所描述的现象背后是原生服饰文化生态失衡的真面目。传统的民族服饰文化在西方工业文明的强势侵袭下，已经失去了自己的阵地，被以西方工业文明为基础的所谓"现代"文明迅速瓦解并吞噬，从而出现以上描述的明显的趋同化现象。

从文化多样性的角度来说，文化的发展取决于文化多样性，而首先文化来源于其创造者认识和改造世界的活动，那么文化的多样性也就来自于其创造者和产生环境等方面的差异性，这种多样性是维持整个文化生态圈平衡的基础。于服饰文化而言，就是每个环境下的每一个人对于服饰文化多样性的贡献都存在差异且不可替代。在文化生态理论中，原生恩施土家族服饰文化与其所依赖的生产技术、社会历史、自然环境休戚相关，但是现代工业文明却以人工物质生产技术为利刃割裂了它和其居住地自然环境、社会环境、民族人群间的纽带，瓦解着传统土家族服饰文化系统的内部联系。更令人忧心的是这种颠覆性的变迁会让恩施土家族服饰文化原生地的人们失去自己的传统文化自信心，甚至丧失了修复和再创造的能力。

4.2.2　恩施土家族服饰文化生态失衡原因剖析

1.生产方式的变迁

于任何民族社会而言，生产力是其发展变迁的根本，人们掌握了多高水平的

❶ 方李莉．文化生态失衡问题的提出[J]．北京大学学报（哲学社会科学版），2001（3）：111．

生产技术，就拥有着相应水平的生产工具，那么同时也就能够创造出更为复杂的社会关系，从而孕育出更进步的民族文化。其实从文化的发展程度而言，文化越原始越容易受制于环境，土家族聚居的武陵山区由于历史与自然地理因素，导致其生产力发展一直处于相对滞后的状态中。经济水平较低，生产工具也简易原始，因而土家人的生存生活需要克服更大难度的环境障碍。越是如此，在这种与环境互动关系下产生的文化与环境的关系越是紧密，如此使得土家族文化的地域性和民族性特征更加显著，而对当今的文化同质化潮流则更加难以适应。此时，在社会发展规律的作用下，文化生态系统中的一些不适应因素，一部分被淘汰，一部分则主动或被动地去改变自身与文化环境的适应关系，实现它的动态性适应。

生产方式的变化必然引起生活方式的改变，致使现代土家人的服饰文化观念中对实用功能的需求发生改变，一方面是传统土家族服饰不能适应新的需求而逐渐被淘汰，因为它已经有了更好的替代物——丰富多样的现代服饰，性能差距显而易见；另一方面适应了现代生活方式的土家族人在社会生活中需要扮演的角色和身份增多，服饰的象征性功能被扩大，需要不同种类的服装来展示自己在不同场合所要表达的个性气质，而传统服饰款式色彩单一、风格朴素陈旧，难以适应人们对定位多样化的需求。每一种文化都不是孤立存在的，而对所处环境有着高度的依赖性。当其生存环境发生变化时，服饰文化需要自身改变以适应环境；同样，作为整个生态系统的一员，服饰文化的变化也会影响其生存环境发生变化。生产方式的变化会带来服饰文化传承方式的转变，如今甚至可以说土家族服饰文化传承的纽带发生了断裂，其实是服饰文化生态系统的要素间的某种连接的消失或转移。物质生活越来越好的现代人们有着丰富多样的情感表达渠道，如母亲对孩子的关爱和祝福完全可以通过提供更好的物质条件、更好的教育等诸多方式表达，而传统服饰能为现代人做的事情非常局限，使得人们对其使用频率降低。

2. 思想观念的转变

思想观念属于高于社会环境层次的文化生态环境，但是它的变化在很大程度上受到自然生态环境和社会生态环境的变迁的影响，尤其是社会的变迁。现代社会文化"爆炸性"的发展，众多快捷高效的文化获取途径使得人们的文化生活空前丰富，精神需求的满足渠道和途径不再单一，人们可以自由选择自己想要的文化信息、产品或服务，精神上的满足在获得方式上有了根本性突破，从而带来了思想观念上的极大转变。从服饰审美角度而言，恩施土家人传统的务实的精神状态和朴素的审美追求，以及实用为先、质朴为尚、斑斓为美的衣着观念早已过时。尤其是进入现代甚至后现代以来，对于个性、流行、品牌、文化、品位等服饰精神内涵的追求越来越受到人们的重视，传统土家族服饰由于历史原因，在服饰外观上的发展缺陷使之难逃陈旧、过时之嫌。加上时尚与潮流观念的推波助澜，使传统恩施土家族服饰不能适应审美观念上的"环境变化"，根本原因在于物质生活水平的提高，日益丰富的物质文化生活挤压了传统服饰文化的生存空间。

民族意识是一个民族内部凝聚力的核心所在，体现了土家族人对自我族群身份归属的一种自豪感和归属感，这就是民族文化自信的由来。新中国成立之后采取各民族平等的政策，加之信息时代下人们的文化交流频繁，民族身份不再是恩施土家族人们交往中的主要关注点。时代的主题发生了变化，经济发展成为社会大潮流，无论哪个民族的成员都是社会的建设者，如此更弱化了人们对于民族身份的关注程度。当然不仅是民族间文化交往的心态转变，民族内部也发生着同样的心态转变。土家族人在这样的背景之下，对于族群内部凝聚力的表达方式在认知上发生改变，不再以直观的服饰元素去表达自己的民族自豪感和民族族群认同感；反而是在日常的工作和生活中为了适应不同角色和场合的需要，或彰显个性与体现团队、企业文化，自觉地选择品类丰富的现代服装。这与传统土家族服饰，尤其是衣裤款式品类与现代人实际生活角色、场所自由切换需求的不适应有很大的关系。

观念转变带来传统风俗的流失。在长期的历史发展进程中，土家族居住地是一个长宽均为千里之遥的区域，俗话说："十里不同音，百里不同俗。"正是由于相互间的天然阻隔导致地域的不同，土家族人在语言习俗、宗教信仰等方面都存在着或多或少的差异，其服饰习俗也更为丰富多元。但这些多姿多彩的风俗习惯现今却正在遭受着人们的冷漠抛弃，而行为者本身却还浑然不觉。

人是观念的生成者、传播者。新一代恩施土家族的后人（尤指20世纪80年代后出生的恩施土家族人）是在改革开放后的剧烈变化中成长起来的一代人，他们目睹并且经历了恩施地区这几十载的巨变，在现代服饰观念影响下长大的他们，潜意识里已经将传统土家族服饰判定为过时的代名词，不再穿着和使用。如今他们逐渐成为建设社会的中坚力量，许多的相关工作岗位都有他们的身影，而他们的观念、认知直接指导着他们的工作行为，因而在某种程度上来说，这会加剧土家族服饰的危机。更让人忧心的是，在此境况之下，会出现严重的传承人群断层，甚至是某些文化永久失传。这并不是耸人听闻，现实就是如此，后继无人是所有传统文化遗产的最大共同危机。"不可再生性是文化生态的特点之一，那些与其生成、发展相伴相随的民风、民俗、传统礼仪，等等，在社会变革中不同程度地出现淡化、变异，甚至衰微、消逝。"❶

3. 保护开发的偏差

人类在改造自然的活动中创造了与自然生态相适应的服饰文化，人类的社会实践活动使文化生态各方面的联系更为紧密，因而从根本上来说是人类认识和改造世界的活动创造了整个文化生态关系网。服饰文化对于文化生态的适应取决于人类认识和改造世界活动的进程变化。土家族服饰文化的失衡问题涉及整个土家族文化生态系统的良性循环，亦即是说土家族服饰文化只有保持能与其相互作用的生态系统良性互动，其自身才会得到良性的发展；反之，土家族服饰文化自身及其文化生态环境都将受到毁坏。因而不能孤立片面地看待恩施土家族服饰文化保护问题，笔者引入文化生态研究方法也是出于此种考虑。

文化趋同化是全球化带来的文化危机，现代社会的人们迫切寻求一种文化上的归属感，而于土家族人而言传统民族文化就是其文化情结的归属，但是在快速发展进步的现代社会中，土家族服饰必须能够满足人们对于文化的需要才能被接受而得以传承和发展。走商业开发的道路是一条不可避免的选择，但是由于人们过度强调了商业开发的经济效益，唯利是图，使得现有的服饰文化资源被盲目开发、过度利用，不仅不能打出土家服饰文化产品的名气，反而造成了原生文化资源的快速流失，长远来看是得不偿失的做法。

政府相关部门也在国家建设社会主义文化强国的呼声下，积极展开各种形式多样的保护工作，企望用官方的力量保护和传承优秀的民族文化。土家族服饰文化在此背景之下也受到越来越多的关注，但是这对于土家族服饰文化的濒危现状

---

❶ 黄永林 ."文化生态"视野下的非物质文化遗产保护[J]. 文化遗产，2013（5）: 2.

和长远发展诉求来说还远远不够。政府及民众对传统民族服饰文化的关注度虽然有所增加，但是由于对服饰文化本身的了解不够，仍旧不能从更深层次去规正人们的观念。现今仍旧存在相关部门以短期绩效作为评判标准，对民族文化的保护和传承工作急于求成，一些形式化、片面化的错误工作方式对恩施土家族服饰文化造成二次伤害的现象仍然存在。而且我们不得不承认的事实是，对于土家族传统文化现有的保护和传承都是在发现民族文化面临严重危机之后才采取的事后抢救性保护措施，具有明显的滞后性，此时传统民族文化生态环境已然与民族文化自身有了诸多的不适应。

尽管随着社会的不断进步，人们对精神文化的需求不断增多，逐渐认识到传统民族文化对现代文化重要的推动作用，政府部门也制定了各样政策法规为之提供保障，但实际操作却常以单纯的割裂性的个案式保护为主，只是片面地对文化形式的保护，以及对浮于表面的文化现象进行静止型保留。而对土家族服饰所蕴藏的文化核心，以及其文化生存的自然与社会生态环境并未做到全面而有效的保护，没有站在保存民族文化整体性的角度去同等重视其自然文化生态与社会文化生态的保护，更没有完善合理的跟进措施。

4.外来文化的冲击

造成恩施土家族服饰文化生态失衡的外部文化因素也很多。其中，外来文化的强势侵袭造成民族间文化上的不平等交流是一个不可忽视的重要因素。因为在这种不平衡的文化交流关系中，强势文化始终占据主导地位，而传统土家族服饰文化则处于弱势的从属地位，使传统恩施土家族服饰文化在与外来文化的交流中被剧烈冲击、逐渐同化，甚至节节败退毫无还击之力，从而导致民族文化遗产急剧衰退和萎缩直至消失殆尽。而且面对完全不同质的文化，土家族人在社会推动中也不得不自己放弃本民族的传统服饰而选择接受现代服饰，在观念和行动上都不能坚定自己的服饰文化自信。

本文语境讨论的"外来文化"以其来源可分为两大类，一类是从古至今都不曾间断的国内民族与地域文化间的交流，主要表现为族群迁徙融合和地域性人口流动。这种本土的不同文化交流从土家族先民创族就已经普遍存在，土家族本身就是通过不断地民族融合过程而逐渐形成的，其服饰文化亦是融进了各部族的文化基因。民族关系和民族政策是决定这种文化交流中土家族服饰文化所处境况的主要原因。在新中国成立以前，土家族一直处于一种不平等的民族关系中，导致了土家族人对于本民族文化的不自信心理，从而使服饰文化的自信也受到影响。在这种观念变化的支配下，人们出现摒弃本民族服饰、改变民族穿着习俗等现象皆是意料之中，唯有端正民族文化观念才能缓解这种危机。

另一类外部文化冲击是来自于国际文化交流带来的外国文化冲击，后者的作用时间段集中在民国以来的历史阶段内，越往现代作用越显著。清末到民国这个阶段内，国外文化以战争入侵、殖民等形式进入我国，造成了深刻的文化生态裂痕。当然在我国古代，与外邦也有着不少的使节往来，但是没有大量移民，造成的文化流入数量甚微。而在全球化进程不断推进的当今，境况完全不同，传统的各自相对独立存在与发展的民族文化生态平衡态势被打破，现代科学技术、思想观念、社会制度强势进入民族文化生态中，导致了一系列的文化生态失衡问题。其本质是西方文化对传统民族文化的强势介入，是文化交流的不平等。现代化的服饰市场是一种具有极强扩张力的市场文化类型，随着科技的进步，不仅能够生产更为优质的面料及服装，也能以最快的速度将它们投放到市场上。同时技术的进步为现代服饰的发展提供了极好的保障，但也给传统服饰的发展带来了巨大挑战。

由此可见，传统土家族服饰文化在文化交流中要保持自身民族特性而不被同化、湮灭，必须是在充分尊重各民族文化平等的前提下进行的。而且土家民族文化的独特性、民族性、地域性对于土家人而言，是寻找文化归属感的根源所在，是其民族情结的核心内容。

4.3　小结

综上所述，恩施地区土家族服饰文化正面临着严重的生存危机，表现为自然生态环境失衡、生存空间被挤压而出现服饰文化边缘化、新兴的产业对传统服饰文化的过度开发、人们对于传统土家族服饰文化的认知模糊，以及原生文化空间内服饰文化载体遭受到毁灭等现状。这些现象的背后存在着更深层次的诱发因素，笔者结合文献资料和实地考察分析认为，导致恩施土家族服饰文化生态失衡现象出现的内在原因中以生产方式变迁、思想观念转变、保护开发出现偏差以及外来文化的冲击影响最深。

第五章　恩施土家族服饰文化生态的动态平衡思路

"生态学的主要意思是'适应环境'。"[1]斯图尔德在讲述文化生态学概念时，首先点出了生态学的核心要义是对象与环境之间的相互关系，考察的是这种相互关系之下所形成的研究主体的形态和发展规律。人所创造的文化与其周边环境的互动就是文化生态学要研究的重要内容，这种互动受互动双方差异性的影响而形成丰富多样的表现形式，从而产生了不同的文化形态并有了不同的演变规律，但各个形式之间又有着不可割裂的关联性，也就是各文化形态的相互关系。掌握了这其中的规律才能更好地指导人们进行今后的传承和保护工作，而作为民族文化遗产的土家族服饰需要一个科学的适应环境的发展方案。因此，如何在新的动态的环境下去寻找它们发展的平衡点，以保护和传承恩施土家族文化，是本文的关注焦点。

恩施土家族服饰文化生态保护就是使民族文化赖以生成的自然和社会环境和谐、协调、稳定发展，它们之间的互动关系正常更新不受破坏，从而使土家族服饰文化能够正常传承。这是对于整个民族文化系统的文化生态的保护，它是将民族文化系统看作一个文化整体来说的。恩施土家族服饰文化生态失衡主要受两大方面因素的影响，一是土家族服饰与外部环境互动关系的影响，包括政治、经济、地理环境、气候类型、农业类型以及外来文化等因素；二是土家族服饰作为"服饰生态"自身内部各因素的协调关系。我们要从文化生态视角去思考救治方案，即通过对内部各要素的调适以改善它与环境各要素的相互关系，从而呈现不同影响效果下的不同文化形态。结合前文的叙述与分析，笔者认为恩施土家族服饰文化生态的动态平衡的实现，需要以在端正的思想观念下形成对土家族服饰文化及其保护传承的正确认识为前提，结合政府相关政策法规的完善和资金扶持，着力发展生态性土家族服饰文化，以文化本体的完善和文化生态的保护两者相结合的方式来实现平衡发展。

5.1　树立土家族服饰文化价值观念

人们对于恩施土家族服饰文化及与其所处文化生态环境的认知是所有保护传

---

[1] J.H. 斯图尔德，玉文华文化生态学的概念和方法，[J]. 世界民族，1988（6）: 1-7.

承工作的前提。只有有了正确的民族文化意识和态度，才能指导人们更合理地保护和传承土家族服饰文化。

首先，必须认识到保护传统土家族服饰文化不是文化的倒退，倡导保护传统服饰文化不是让人们回到过去，而是要尊重土家族服饰文化中所蕴含的历史内涵，增强土家族民族服饰文化自信，防止文化观念错误带来的对本民族优秀传统服饰文化的漠视和抛弃。

其次，要明确保护恩施土家族服饰文化及其文化生态环境，不是维持传统服饰文化和文化生态环境的原状，不是让人们止步不前。从文化生态学理论角度来说，影响恩施土家族服饰文化的因素既不是单独作用于恩施土家族服饰文化，也不是一成不变地作用于土家族服饰文化的发展，所以必须将文化生态的保护看作是活的工程，将文化生态系统中各要素都看作是活的存在。

再次，保护恩施土家族服饰文化，需要保持高度的民族性和地域性以增强民族文化识别度，但并不是拒绝本土文化与外来文化进行和谐正常的交流借鉴。而且外来文化因素的小范围短时性流入以及外部文化环境的变化并不会侵蚀整个文化生态，不同质类文化之间的交流未必就会导致本土民族服饰文化生态的失衡。

5.2 发展生态性土家族服饰文化

于恩施土家族服饰文化而言，当前语境下需要发展一种适应不断变化的文化生态环境的土家族服饰文化，所以要跳出土家族服饰文化本身而站在整个土家族服饰文化生态的角度去考虑服饰文化的保护与传承，才能促使恩施土家族服饰文化生态系统的自平衡。

首先，要积极发展土家族服饰文化产业，推动恩施土家族服饰文化产品设计开发，增强其市场适应性，促进恩施土家族服饰产业实体的优化，同时规范市场，创建健康有序的土家族服饰文化产业链，将文化转化为经济和社会效益，为其修复自主生存和发展的适应能力，促进恩施土家族服饰文化生态的良性发展。现代社会中民族服饰文化由于失去市场和生存空间而消失的情况屡见不鲜，传统的恩施土家族服饰必须在适应当前的生活和审美需求的同时能随社会的发展而积极转变调适。结合当前恩施土家族服饰文化的生存现状来看，它与商业和旅游业联系非常紧密，因此可以通过发展生态文化旅游以及设计开发服饰文化产品为之寻求新的消费市场和生存空间。那么服务于旅游行业的现代土家族服饰企业，要认识到作为土家族文化载体的服饰不仅具有经济效益，还具有极高的文化价值，所以在发展中要积极探索科学有效的恩施土家族服饰文化产品开发路径，以消费市场为主导，结合相关专家学者的指导，以及征集行业相关规定和标准，制定专门的"恩施土家族服饰文化产品质量标准"。比如，改良款式中需要保留多大比重的土家族传统元素等，把握好产品蕴含土家族文化的"纯度"与"浓度"，进一步促进恩施土家族服饰文化实体经济的发展，逐渐建设地域性文化品牌形象，使恩施土家族服饰文化成为和当代生活紧密联系的文化产品。恩施博雅玛民族服饰有限公司的负责人冉博仁，在当地政府的支持下对土家族服饰的产品设计开发进行了很多有效的实践，还总结出了一系列设计要点，虽赢得较好的社会效益和经济效益，但在产品设计上仍有继续提升的空间，突出了土家族服饰文化产品设计开发对于恩施土家族服饰文化发展传承的重要性。笔者结合自身专业特点，选取土家族服饰部分代表性元素进行了设计实践，由于本论文的理论结构特点，不便在正文中展开叙述，详细设计实践的相关内容附于文末附录部分。❶

其次，促进土家族服饰文化宣传教育和传播，扩大恩施土家族服饰文化的影响力，重视土家族服饰文化观念在当代的作用，形成自觉保护传统土家族服饰文化的意识，使土家族服饰文化在当代社会中被确认、尊重和弘扬。如今，世人不再熟悉土家族服饰的原本面貌，也不了解其中的历史文化内涵，再加之市场上众多无法清晰辨认的服饰产品带来的干扰，使人们对于恩施土家族服饰文化一直无法形成正确而清晰的认知。宣传教育是解决这一现状最有效的方法，宣传恩施土家族服饰文化需要通过面对大众的合适媒介来运作，如电视、网络、广播、报纸等媒体，同时在恩施地区将当地的土家族服饰文化引进学校教育系统以加深土家族服饰文化教育，让恩施土家人的后代认识自己的民族文化，培养其民族文化情怀。除此之外，还可以由政府不定期出资或与社会资源合资举办一些土家族服饰文化设计、宣传类的赛事，扩大土家族服饰的社会关注度和参与度。

---

❶ 此附录指黄琳硕士论文的设计实践部分。

再次，建立恩施土家族服饰文化生态博物馆，打造一批土家族社区完整的、鲜活的服饰文化生态系统。整体性、动态性地去保护恩施土家族服饰文化生态，维护其动态平衡发展。"生态博物馆是对自然环境、文化环境、有形遗产、无形遗产进行保护、原地保护、发展中保护和居民自己保护，从而使人们与物与环境处于固有的生态关系中并和谐地向前发展的一种博物馆新理念、新方法。"❶可通过调查选取一个土家族自然村，将现代科技合理运用到服饰文化生态博物馆的建设中，将村中关于土家族服饰的文化生态现状加以保护、突出、维持，并建立土家族服饰文化生态数字化博物馆，区域内定期开展相关的生产、生活、习俗等活动。所有活动以保护和传承土家族服饰文化作为要点，并将与服饰文化有关的物质遗产进行保护、展示和推广。它的优点在于能同时实现对土家族服饰文化及其文化生态系统的动静结合式保护。区域内无论是静态的文化遗产还是动态的文化都在保护范围内，不仅能保护恩施土家族服饰文化生态的现状，还能保护其在区域内的变迁和发展，实现追踪式保护，拓宽文化生态保护途径，从而在衔接变异文化时能够采取积极应对措施，以保持恩施土家族服饰文化生态在历史进程中的动态平衡发展，而土家族服饰文化生态博物馆社区内的恩施土家族服饰文化则是连续和发展的完整性的文化。

最后，促进服饰文化的广泛化交流，积极引导恩施土家族服饰文化保护与传承的民族间、区域间甚至国际间合作，让民族文化在全国乃至世界舞台上绽放光彩。服饰与人自身的和谐、服饰与自然生态的和谐、服饰文化与其他文化之间的和谐以及服饰文化与社会环境的和谐是恩施土家族服饰文化的价值诉求。那么首先需要建立和完善传统文化对应外来文化的适应机制，使国内与国际文化交流传播运动健康有序。若在外来文化冲击下土家族文化不能有效地应对或调适，不能消化、吸收外来文化因素，则会面临被同化的危险。那么必须要建立民族文化生态保护的法律、法规和制度保障体系，使恩施土家族服饰文化能够保持自身的文化核心并抵御外来文化的不对称交流，同时完善传统土家族服饰文化中的欠缺因素，使其在与外来文化交流接触过程中能包容和消化外来文化。

---

❶ 周真刚，胡朝相. 论生态博物馆社区的文化遗产保护[J]. 贵州民族研究，2002（2）: 95-101.

此外，对恩施土家族文化的自然生态保护亦不容忽视。恩施土家族地区的自然环境在当地土家人长期改造自然活动的影响下，也不是绝对的原生的自然环境了，已经打上了土家族的人文烙印，而且包括服饰文化在内的整个恩施土家族文化系统都是在这自然环境的孕育下产生和发展起来的，二者互相携带着彼此的痕迹。如果服饰文化的自然生态遭到破坏，那么恩施土家族服饰文化本身也无法置身事外，自然生态环境与土家族服饰文化是密不可分的。那么从文化生态整体性的观点来说，在加大对恩施土家族服饰文化的社会文化生态环境保护宣传力度的同时，还要注重对其自然生态平衡的保持，尽力保护现今仍具活力的传统土家族服饰文化自然生态元素及其生存环境，并解读它们永葆活力的密码且加以借鉴利用，这也是全面保护恩施土家族服饰文化生态动态平衡的前提，不能单独割裂出去。

恩施土家族服饰文化生态在重视文化发展的政策环境中才能得到更好的发展、传承和传播。政府部门要充分发挥其引导和保障作用，结合土家族服饰文化所面临的现实情况来看，要转变滞后性抢救保护和片面保护服饰本身的方式，以免对恩施土家族服饰文化造成二次伤害。同时给予相关人力和资金投入，扶持和鼓励发展恩施土家族服饰文化价值。

5.3 小结

维持恩施土家族服饰文化生态的动态平衡的措施，需要在树立对恩施土家族服饰文化生态的正确认知的前提下才能正常开展，正确理解保护传统文化不是搞历史倒退，对文化生态的保护也不是僵硬地维持原貌一成不变，更不是拒绝与其他民族文化和外来文化的交流互鉴。采取发展恩施土家族服饰文化产业，促进恩施土家族服饰文化的宣传、教育，建立整体性活态保护的恩施土家族服饰文化生态博物馆，同时促进其与其他民族文化以及外来文化的交流，保护恩施土家族服饰文化生成的自然生态环境等措施，以适应恩施土家族服饰文化生态的失衡现状。这其中杂糅着土家族服饰文化内部部分传统元素的流失、部分传统元素的焕发新生，以及土家族服饰文化的外部环境元素，因而保持恩施土家族服饰文化生态的动态平衡是一个涉及多个层面的宏大且长期的文化工程，需要结合各方面因素综合考虑具体措施。

附录二

"武陵山区土家族苗族服饰民俗传承人群研修班"土家族服饰复原作品

  2018年12月,在武汉纺织大学举办的"武陵山区土家族苗族服饰民俗传承人群研修班"上,来自湖北长阳、五峰、恩施,湖南吉首、龙山,贵州沿河等地区的十多名土家族学员,经过一个多月的培训,在老师的指导下,对相关的文献资料进行了学习并结合博物馆和民间收藏的土家族传统服饰实物进行研究,在此基础上对土家族服饰原貌进行了复原。这里选录了代表本民族具有个性物征的土家族服饰复原图,总计15件服饰作品。分别包括男装8件:男式四喜衣1件,男式背褡2件,男子便装上衣1件,男裤2条,挑花褡裤1条,男式头帕1条;女装6件:挑花围裙1件,银钩女上衣1件,大襟女上衣1件,八幅罗裙1条,女式布鞋2双;童装1件:挑花马甲。复原作品还原了服装的廓型和基本款式,以及具有标识性的工艺特征,如三股筋、云钩纹、挑花纹样等,但由于时间所限,未复原一些具体的服饰装饰纹样和细节。尽管如此,学员们通过复原找到了土家族的文化根脉,为日后土家族服饰的传承、发展、创新奠定了基础。

一、男装

  作品名称:土家族男装(四喜衣)

  制作材料:蓝色薄呢面料、土布里料

  服饰制作者:田若兰、唐艳、黄莉、王蓉、彭文、叶德萍、田雪琴、何凤琴、许雪卿、李涵寒

作品名称：土家族男背褂

制作材料：土布

服饰制作者：李涵寒、何凤琴、许雪卿、彭文、叶德萍、田雪琴、唐艳、田若兰、黄莉、王蓉

作品名称：土家族男式黑色背褂（鸦雀装）、白色男便装、黑色头帕、挑花褡裢、土家族男裤

制作材料：黑色土布、白色手工细布

服饰制作者：李涵寒、何凤琴、许雪卿、田若兰、唐艳、黄莉、王蓉、彭文、叶德萍、田雪琴

二、女装

作品名称：土家族银钩女上衣

制作材料：缎面

服饰制作者：彭文、叶德萍、田雪琴、许雪卿、唐艳、李涵寒、何凤琴、田若兰、黄莉、王蓉

作品名称：土家族大襟女上衣

制作材料：土细布

服饰制作者：彭文、叶德萍、田雪琴、许雪卿、唐艳、李涵寒、何凤琴、田若兰、黄莉、王蓉

作品名称：土家族女式挑花围裙

制作材料：土布

服饰制作者：田若兰、彭文、何凤琴、唐艳、许雪卿、李涵寒、叶德萍、田雪琴、黄莉、王蓉

作品名称：土家族女布鞋

制作面料：提花布、西兰卡普阳雀花、灯芯绒布

里料：白色棉布

鞋底：棉布、浆制布壳、浆制棕壳

制作者：王蓉

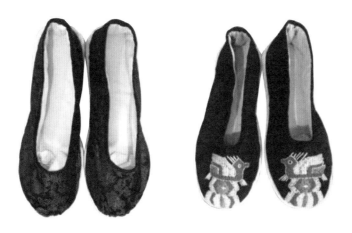

套装展示：土家族女套装

三、童装

作品名称：土家族儿童挑花马甲

制作材料：土布

服饰制作者：张春海

后 记

从21世纪初到现在的十几年中，我们多次前往湘鄂土家族地区调研考察，每次回来心情都很沉重，因为那些原生态的传统土家族服饰越来越难以寻觅，现在仅仅能看到的是地处边缘地区的老年人头上的一块头帕。可以说，土家族服饰文化及其传统制作工艺已经成为土家族集体记忆中的美好回忆。这对本书的撰写增加了很大的难度。虽然本书的初稿已于2016年完成，但为了更好地还原土家族传统服饰的真实面貌，这几年我们又通过深入的调研、考察、寻访，得到了许多宝贵的服饰资料，特别是在2018年底举办的"武陵山区土家族苗族服饰民俗传承人群研修班"上，经过土家族学员们的共同努力，复制复原了部分土家族传统服装，在此基础上完善此书。

在本书撰写的过程中，得到了恩施土家族苗族自治州文化局以及所属的博物馆和文化馆、恩施土家族苗族自治州民族宗教事务委员会、湘西土家族苗族自治州博物馆、湘西土家族苗族自治州非物质文化遗产保护中心、长阳土家族自治县博物馆以及相关民族服饰企业、研究土家服饰文化的专家学者和民间收藏者的帮助与支持，为我们无私地提供了大量的资料、文献、图片，使本书得以顺利出版，在此向他们表示衷心的感谢。

同时本书撰写的过程中，陈海英老师以及研究生黄琳、刘静、罗琳、陈龙、魏利粉、王心悦、叶静、吴咪咪、徐宇倩、曾婉雲等同学在收集资料、图片处理及文字整理等方面做了大量工作，在此一并致谢。

冯泽民

2019年10月

于武昌南湖之畔